生活在森林
草原中的动物

★ ★ ★ ★ ★

姜延峰◎编著

在未知领域 我们努力探索
在已知领域 我们重新发现

延边大学出版社

图书在版编目（CIP）数据

生活在森林草原中的动物 / 姜延峰编著 .—延吉：
延边大学出版社，2012.4（2021.1 重印）
ISBN 978-7-5634-3963-8

Ⅰ.①生… Ⅱ.①姜… Ⅲ.①动物—青年读物
②动物—少年读物 Ⅳ.① Q95-49

中国版本图书馆 CIP 数据核字 (2012) 第 051739 号

生活在森林草原中的动物

编　　　著：姜延峰
责 任 编 辑：林景浩
封 面 设 计：映象视觉
出 版 发 行：延边大学出版社
社　　　址：吉林省延吉市公园路 977 号　　邮编：133002
网　　　址：http://www.ydcbs.com　　E—mail：ydcbs@ydcbs.com
电　　　话：0433-2732435　　传真：0433-2732434
发行部电话：0433-2732442　　传真：0433-2733056
印　　　刷：唐山新苑印务有限公司
开　　　本：16K　690×960 毫米
印　　　张：10 印张
字　　　数：120 千字
版　　　次：2012 年 4 月第 1 版
印　　　次：2021 年 1 月第 3 次印刷
书　　　号：ISBN 978-7-5634-3963-8

定　　　价：29.80 元

　　中国地域辽阔，森林动物和草原动物的分布也是非常广阔的。动物是人类生活环境的重要元素之一，扮演着不可忽视的角色。而人类对动物的了解是少之又少，有的人甚至大肆捕杀珍贵动物。难以想象，如果动物从大自然中消失，从人类的生活中消失，世界将会变成什么样？人类的生活又会少了多少资源和生态平衡？动物在人类的生活中占据着不可或缺的地位。

　　森林资源需要人们去保护，因为一旦森林资源遭到严重的破坏，生活在森林中的动物也会受到严重的影响。森林植物种类繁多，常年供应不绝，成为动物的食物基础。森林的空间很大、结构复杂、生长周期长、更新调节能力强、群落稳定性大，形成了一定的特殊环境条件，又为动物饮食、栖息、隐蔽和繁衍提供了优良的场所。森林遭到破坏，常常导致动物种类和数量的锐减，有的濒临灭绝。但由于森林动物的食性

和习惯的差别，常在同一森林地带有着形形色色的动物种群；而同一种群类型也可能出现在不同的森林地带。寒带森林中的动物毛长绒厚，皮下的脂肪发达；到了冬季毛色会变白；产仔和哺育幼仔都在生长季节，入冬时幼仔已能独立生活。热带、亚热带森林中的动物一般是毛短、稀疏，皮下脂肪较少，交配、产仔不受季节限制；它们的毛色色彩斑斓。同一类型的动物，在温暖地区体形比较小；而在寒冷地区体形则比较大，而其尾、嘴、四肢和耳在比较温暖的地区则比较短。从它们的毛色来看，温暖的地区偏黑色，而干旱地区的红色、黄褐色会增多，寒冷地区则色调一般，也比较简单。

同样，动物对森林也是有一定的影响的。有的对森林有益，像一些鸟类，它是森林害虫的天敌，可以有效地抑制害虫的发生发展；而动物的粪便和尸体可以增加土壤的肥力；也有的对森林有害，像某些动物啮食大量种子、幼芽、幼苗、幼树、树皮、树根，这些都不利于树木的更新与再生长等等。

在草原上生活的动物，它们是一条食物链。食物链上任何一环的断裂都将导致整条食物链消亡。食草动物消失，最首先影响到的就是以它们为食的肉食动物，会因为缺少食物来源而死亡；其次，当肉食动物大量消失甚至完全消亡后，受影响的将是以动物尸体生存的食腐生物和微生物，它们会因为没有食物来源大量消亡；再次，由于缺少微生物分解尸体，植物缺少养分来源，并且由于没有食草动物的消耗，初始阶段植物大量繁殖，造成土壤养分紧缺，植物也会在短暂的繁盛之后面临消亡；最后，植物的减少，和土壤矿物质流失将带来的后果就是土壤沙漠化、环境恶化，致使植物加速减少，动物灭亡，恶性循环，最终成为沙漠。爬行类和两栖类同样也需要人类的保护，不要肆无忌惮地捕杀。所以，为了人类、自然、动物的和谐共存，我们要肩负起一定的责任，保护我们美丽的大草原，保护我们人类的好朋友——动物。

要了解更多的动物知识，就请打开这本书，一定会让你感受到动物对自然界、对人类的价值。

目录
CONTENTS

第❶章
森林中的鸟类动物

第❷章
森林中的哺乳类动物

第❸章

森林中珍稀的兽类动物

第❹章

草原上珍稀的鸟类动物

第**5**章

草原上珍稀的哺乳动物

第**6**章

草原上的群居动物

第**7**章

爬行类和两栖类动物

森

林中的鸟类动物

第一章

SENLINZHONGDENIAOLEIDONGWU

　　人类最喜欢的动物可能就是鸟了，它们拥有婀娜的舞姿，可以唱出婉转的歌声，有着绚丽的羽毛以及奇特的生活习性，带给了人类无穷尽的乐趣。在春天到来、万物苏醒的时候，那些小鸟们就从遥远的南方飞回到了北方，为北方的人们带来温暖。相信大家都喜爱鸟，但大家是否知道它们在动物界中的作用呢？在大自然界中，又怎么去认识它们呢？这里为大家详细地讲述各种鸟的生活习性和特点。

犀鸟

Xi Niao

犀鸟是一种体长大小不一的鸟，它的体长大约在 70～120 厘米，仅嘴就长达 35 厘米，占了身长的 1/3 到一半，一双大眼睛上长有粗长的眼睫毛，这是其他鸟类中很少看到的。但它的头都比较大，颈细，翅膀宽，尾巴也比较长。羽毛的颜色呈棕色或黑色，通常上面会有鲜明的白色斑纹。上体为黑色，大部分都有金属绿色光泽，两翅和尾是最为耀眼的。它的枕羽成冠状。在喉的两侧分有淡黄色的斑。上胸为黑色，下体几乎是纯白。嘴是象牙的黄色，脚是铅黑色。

它看上去笨重的大嘴和盔突，其实是非常灵巧的。对于采食浆果、捕

※ 犀鸟

食老鼠昆虫、修建巢穴等工作都要靠大嘴来完成。科学家研究发现，它的嘴和盔突都是中空的，里面如同蜂窝，充满了空隙，这样是为了减轻重量，看起来轻巧，但实际上是非常坚固的。

犀鸟是典型的热带森林鸟类，绝大部分的犀鸟都生活在非洲和亚洲的热带雨林地区。全世界共分有45种，主要在非洲及亚洲南部；我国的云南、广西也有犀鸟的种类分布。它们是以树上那些多半是啄木鸟啄出来的空洞为巢。雌鸟在产完蛋后，它就用泥土与唾液的混合物把巢的入口封起来，将自己关在里面。雄鸟有时候也会来帮它封巢。雌雄两鸟把入口处填到只剩下一条狭缝。这样，雌鸟在孵蛋时，雄鸟就是通过这道缝给它喂食的。雌鸟在洞里一般都是待上1～4个月。在这个封闭的洞里，雌鸟和它的蛋或幼鸟可以避开被侵犯，这样会很安全。

犀鸟一般都喜欢在比较浓密的树林深处的参天大树上栖息，啄食树上的果实，有时也捕食昆虫、爬行类、两栖类等小型的动物。它们在吃东西时，往往先用嘴将食物向上抛起，然后用嘴准确地接住，吞下食物。在西双版纳的密林中，身型庞大的犀鸟飞行速度较慢，飞翔时就像天上过飞机一样，翅膀会发出极大的声响，而且停落在树顶时，不时地发出响亮的鸣

※ 小犀鸟

叫声，中间不间断，就像马嘶一样，可以传到很远的地方。

　　成对的犀鸟在每年的春季过后，就会选择高大树干上的洞穴做巢，一般都是利用白蚁蛀蚀或树木天长日久朽蚀后形成的大洞。在洞底垫上它们衔回来的腐朽木质，上面铺些柔软的羽毛，等到"产房"收拾好后，雌鸟便开始产卵。一般每只犀鸟一次可以产卵1～4枚，卵是纯白色的。产完卵后的雌鸟就开始和"产房"外的雄鸟合作，把"产房"的门堵上。雄鸟从外衔回泥土，雌鸟就从胃里吐出大量的黏液，掺进泥土中，连同树枝、草叶等，混成非常黏稠的材料，把树洞给封闭起来，只留下一个可以使雌鸟伸出嘴尖的小洞。雌犀鸟的饮食完全由雄犀鸟来照顾，这时的雄鸟，正四处奔忙寻找食物，为自己的妻子提供食物。每当雌犀鸟把嘴伸到洞口的时候，雄犀鸟就会把自己嘴中的食物送到雌犀鸟嘴中。经过28～40天后，小犀鸟就破壳而出。雌犀鸟再用嘴把洞口啄开，为自己解除"禁闭"，和雄犀鸟一起哺育小犀鸟。小犀鸟大约经过6～8周的时间就会慢慢长大，之后就可以离开巢穴，自己去寻找食物了。

▶ 知 识 窗

犀鸟节

　　马来西亚的伊班族人崇拜犀鸟，把它奉为神灵，伊班族人每年要庆祝犀鸟节（又称丰收节）。节日当天，男女老少浓妆艳抹，女人们更加打扮得花枝招展。首先要祭鸟，祭品是猪肝，以猪肝的颜色和纹理来推断今年的凶吉祸福。祭鸟过后，进行其他庆祝活动，白天有斗鸡和龙舟赛，夜间是聚餐和歌舞晚会。

| 拓展思考 |

1. 犀鸟的另外一个名字是什么？
2. 犀鸟有一个怎么样的传说？

生活在森林草原中的动物

鹦 鹉

Ying Wu

鹦鹉在鹦形目中可分为两科：鹦鹉科和凤头鹦鹉科。它们的种类比较多，共有 82 属 358 种。所以说，鸟类最大的科之一就是鹦鹉。

鹦鹉是一种羽色鲜艳的食果鸟类，主要分布于热带，亚热带森林。鹦鹉是一种典型的攀禽，有两对趾型足，两趾向前两趾向后，这样就

※ 鹦鹉

特别有利于抓握。另外，鹦鹉的鸟喙特别强劲有力，它们可以食用硬壳果。

紫蓝金刚鹦鹉是一种艳丽、爱叫的鸟，也是人类的好朋友。鹦鹉中体形最大的一类就是紫蓝色金刚，主要分布于南美的玻利维亚和巴西。它的身长可以达到 100 厘米，紫蓝色金刚鹦鹉鸟的羽毛是非常美丽的，而且还有一个特点就是善于学人语，成为人们欣赏和钟爱的鹦鹉。

虽然这种鹦鹉在某些地区很常见，但是，人们为了自己的利益而大量诱捕，这让它们面临着严重的威胁。身长仅有 12 厘米的蓝冠短尾鹦鹉是最小的一种，主要生活在马来半岛、苏门答腊、婆罗洲一带，在筑巢时，这些小精灵们不是用弯而有力的喙，而是将巢材塞进很短的尾羽中。另外，在同类的其他情侣鹦鹉中有的也是用这种方式来进行筑巢的。

侏鹦鹉中的 6 种属仅见于新几内亚和附近岛屿，全长都是在 10 厘米以内。它们是鹦形目中最小的一类。

在拉丁美洲，其中最为著名的就是各种大型的金刚鹦鹉。大洋洲的鹦鹉要比拉丁美洲更加多样化，主要包括一些人们最熟悉的、最美

丽和最独特的鹦鹉。例如，澳洲的虎皮鹦鹉和葵花凤头鹦鹉等。在新西兰地区，鸮鹦鹉是已经失去飞翔能力的大型鹦鹉，而新西兰的啄羊鹦鹉则进化出了一定的肉食倾向，啄羊鹦鹉也是分布最广的鹦鹉之一。吸蜜鹦鹉是大洋洲种类繁多的一群，它们也是最美丽的鸟类，例如斐济的蓝冠吸蜜鹦鹉。

鹦鹉主要在世界各地的热带地区分布。对于南半球来说，鹦鹉的种类还扩展到温带地区，也有一些种类分布在遥远的海岛上。拉丁美洲和大洋洲是鹦鹉集聚地，也是鹦鹉种类最多的地区。在非洲和亚洲种类就少得多，但是，在非洲却有一些很有名的种类，如情侣鹦鹉。

人类比较喜欢饲养鹦鹉，它的野生种群现在已受到很大威胁，很多种类都成了濒危的物种。经鸟类学家确定，目前在我国，原产的鹦鹉只有 6 种了，它们全部都成为国家重点保护的野生动物。

羽毛色彩绚丽，音域高亢是鹦鹉最大的特点。此外，还有它们独具特色的钩喙更加容易使人识别这些美丽的鸟儿。它们一般以配偶和家族形成小群，栖息在林中树枝上，自筑巢或以树洞为巢，食浆果、坚果、种子、花蜜。另外也有一些特例，深山的鹦鹉，栖息在稀木灌丛中的鸟儿体形大，羽毛丰厚，独具一副又长又尖的嘴。除了具有其他鹦鹉的食性外还喜欢吃些昆虫、螃蟹、腐肉，甚至还会跳到绵羊背上用坚硬的长喙啄食羊肉，弄得活羊鲜血淋淋。因此，新西兰牧民就称这种鹦鹉为啄羊鹦鹉。

科学家们研究还发现，鹦鹉的耐热程度远远要比人高得多。虽然它们可以耐热，但是它们却不能耐潮。所以，对于家里养的鹦鹉，一定要保持它们的居住环境干燥。

鹦鹉是比较耐热的鸟类，并不像猫犬那样非常怕热，但是它们也有最怕的，那就是潮湿。对于鹦鹉来说，如果在一段时间遇到阴雨连绵的天气，那可真是糟糕透了。如果空气闷热，氧分子减少，鹦鹉的身体会感到极度不适应。在这个时候，主人最好把空调打开，对室内空气进行降温除湿，但要注意不要把鹦鹉放在空气不流通的阳台上。到了冬天，尽可能让鹦鹉待在没有空气加湿器的屋子里，以防受潮生病。

对于一般的鹦鹉来说，它们的平均寿命在 50～60 岁之间，大型鹦鹉也可以活到 100 岁左右。世界上最长寿的一只鸟就是一只名叫詹米的亚马逊鹦鹉，1870 年 12 月 3 日在英国利物浦出生，死于 1975 年 11 月 5 日，享年 104 岁。这只亚马逊鹦鹉可谓是鸟类中的老寿星。

生活在森林草原中的动物

▶知 识 窗

·鹦鹉鱼·

　　鹦鹉鱼是生活在珊瑚礁中的热带鱼类。每当涨潮的时候，大大小小的鹦鹉鱼披着绿莹莹、黄灿灿的外衣，从珊瑚礁外斜坡的深水中游到浅水礁坪中。鹦鹉鱼有特殊的消化系统。鹦鹉鱼用它们板齿状的喙将珊瑚虫连同它们的骨骼一同啃下来，再用咽喉磨碎珊瑚虫，然后吞入腹中。有营养的物质被消化吸收，珊瑚的碎屑被排除体外。鹦鹉鱼的咽喉齿不像牙齿一样尖利，而是演变为条石状，咽喉齿的上颌面上凸起，正好和下面的凹处相吻合。上、下颌上各生长着一行又一行的细密尖锐的小牙齿。小牙齿密密地排列形成了许多边缘锐利的板。每当一大群鹦鹉鱼游过，一条条珊瑚枝条的顶端被切掉，露出斑斑白茬。

│拓展思考│

1. 《网络鹦鹉》软件的特点是什么？

2. 鹦鹉有哪些特点？

啄木鸟

Zhuo Mu Niao

啄木鸟被称为森林医生，是森林益鸟。它们不仅可以消灭树皮下的害虫如天牛等幼虫以外，它们凿木后所留下的痕迹还可作为森林卫生采伐的指向标。人们对啄木鸟的喜爱可以体现在关于啄木鸟的卡通形象以及同名电影《啄木鸟》上。

※ 啄木鸟

啄木鸟属于鸟纲䴕形目啄木鸟科，全世界大约有 180 种。它们的嘴巴强且直可凿木；舌头长且能伸缩，先端列生短钩；它们的脚比较短且只有 4 个脚趾；尾呈平尾或楔状，尾羽大都为 12 枚，羽干坚硬富有弹性，在啄木时支撑身体。除了在大洋洲和南极洲外，都可以见到。在我国各地均有分布。被称为"森林医生"的啄木鸟属于常见的留鸟，在我国分布较广的种类有绿啄木鸟和斑啄木鸟。它们觅食天牛、吉丁虫、蠹虫等有害虫，每天能吃掉大约 1500 条害虫。由于啄木鸟食量很大而且活动范围也非常广，一对啄木鸟在一个冬天之内就可以吃掉大约 13.3 公顷森林中的 90%的吉丁虫和 80%的天牛。

体长约 30 厘米的黑枕绿啄木鸟是人们常见的啄木鸟种类，它们除了雄鸟头上有红斑以外，它们大都是通体绿色。夏季经常在山林间栖息，冬季大多迁至平原近山的树丛间，随食物而漂泊不定。它们经常鸣叫，每次连叫 4～7 声，有的在一分钟内叫 5～6 次。它们主要以攀树索虫为食，但也到地面觅食。啄木鸟吃昆虫大多是在春夏两季，到了秋冬两季还会吃植物。它们通常会在树洞里营巢。卵为纯白色。

北欧的啄木鸟终年在挪威留居，有的向东经德国、俄罗斯到日本，南至阿尔卑斯山、巴尔干半岛、东南亚等地。啄木鸟几乎分布全世界，除了澳大利亚和新几亚以外，但南美洲和东南亚是它们的主要栖息地。大多数啄木鸟一般会在一个地区定居。北美的黄腹吸汁啄木鸟和扑动䴕等一些温带地区的啄木鸟就属于迁徙性鸟类。

因种类不同，啄木鸟的形体大小也有很大的差别，从十几厘米到四十多厘米不等。如有长约十几厘米的绒啄木鸟，也有长约四十几厘米的北美黑啄木鸟。啄木鸟能够在树干和树枝间以惊人的速度敏捷地跳跃。啄木鸟之所以能够牢牢地站立在垂直的树干上，与它们足的结构有关。因为啄木鸟的四个脚趾中，朝前的有两个足趾，朝后的有一个，而另一个朝向一侧，这样就构成了一个牢固的三角形，它们的趾尖有锋利的爪子。啄木鸟的尾部羽毛坚硬，可以支在树干上，为身体提供额外的支撑。它们通常用喙飞快地在树干上敲击，以寻找隐藏在树皮内的昆虫，一旦确定虫的位置之后，它们坚硬的喙就会飞速在树上凿出一个小洞并急速地用它们长长的舌头捕捉昆虫。

啄木鸟主要就是以在树上凿洞和消灭昆虫而著称，大多数的啄木鸟会以螺旋式地攀缘在树干上搜寻昆虫，并且一直是以这种方式在树林中度过终生；只有少数啄木鸟在横枝上栖息，例如在地上觅食雀形目红头啄木鸟。多数啄木鸟以昆虫为食，但有些种类喜欢吃水果和浆果，吸汁啄木鸟一般在特定季节吸食某些树的汁液。春天，啄木鸟的响亮叫声，是雄性占领地盘的表示，加以常常啄击空树，或偶尔敲击金属而使声响扩大；在除春天以外的其他季节中，啄木鸟则通常是比较安静的。啄木鸟几乎没有见过群居在一起的，大多都是独栖或成双活动。

体长约为20厘米的橡子啄木鸟主要栖息在北美洲西北部到哥伦比亚地区的范围，体长大约在19～23厘米的红头啄木鸟与橡子啄木鸟的体长很相似。红头啄木鸟分布的区域比较广，在开阔的林地、农场和果园都可看见。红背啄木鸟产于印度到菲律宾群岛的森林地带。绿啄木鸟产于欧洲气候温暖的地区以及非洲大陆。红腹啄木鸟产于美国东南部的落叶林带。白嘴啄木鸟也就是帝啄木鸟，它们的羽毛主要为黑色，翅膀和颈部有白色的斑点，是已知啄木鸟中体型最大的一种。它们产于墨西哥北部。成鸟的体长可达60厘米，雄鸟喙为白色，有红色的羽冠。帝啄木鸟和特里斯丹啄木鸟都属于濒危动物。白腹黑啄木鸟属于我国国家二级保护动物，主要分布在四川、云南、福建等地。

只有啄木鸟才能把潜藏在树木中很深的害虫从树干中掏出来除掉，否则就会把树活生生地咬死。因为啄木鸟主要吃的是像天牛幼虫、囊虫的幼虫、象甲、伪步甲、金龟甲、螟蛾、蝽象、蟥虫卵、蚂蚁等这样的昆虫。而这些里面大部分都是害虫，对防止森林虫害，发展林业很有益处，所以大家都叫它们是"森林的医生"。在我国分布比较广泛的啄木鸟种类就是绿啄木鸟和斑啄木鸟。

第一章 森林中的鸟类动物
SENLINZHONGDENIAOLEIDONGWU

雄啄木鸟向心仪的雌啄木鸟求爱时，就会迫不及待地用自己坚硬有力的嘴在空心树干上有节奏地敲打，发出像是拍发电报一样清脆的"笃笃"声，以此向雌啄木鸟倾诉爱的心声。

因为它们的舌根是一条弹性结缔组织，它从下腭穿出，向上绕过后脑壳，在脑顶前部进入右鼻孔固定，只留左鼻孔呼吸，所以啄木鸟细长且富有弹性的舌头就会长在鼻孔里。啄木鸟之所以能把舌伸出喙外达 12 厘米长，就是因为有这种弹簧刀式的装置，再加上它们的舌尖生有短钩，舌面具黏液，所以啄木鸟把舌能探入洞内钩捕各类树干害虫而轻而易举。

| 拓展思考 |

1. 意大利啄木鸟品牌是怎么来的？

2. 啄木鸟光盘为什么被中国信息业评为行业采购盘片产品的首选品牌？

生活在森林草原中的动物

伯劳

Bo Lao

鸟纲雀形目伯劳科伯劳属鸟类的通称，红尾伯劳是本属鸟类的典型种。伯劳是雀形目伯劳科中的一属，体型中等的伯劳科中大多数的种类都在此属中。约64种，掠食性。能用喙啄死大型昆虫、蜥蜴、鼠和小鸟。会将捕获的饵物穿挂在荆刺上，就像人类一样，将肉挂在肉钩上，所以有"屠夫鸟"之称。伯劳独居，鸣声刺耳，灰或灰褐色，常有黑色或白色斑纹。

※ 伯劳

伯劳共同的特点就是：嘴尖上有钩，以捕食昆虫为主。它们捕捉的对象都是一些体型较大的昆虫、蜥蜴、老鼠等。羽毛一般是灰色或淡褐色，翅膀和尾为黑色并带有白色的斑。世界共有23种，分布于非洲、欧洲、亚洲及美洲；中国有9种。各大区均有分布。体长16～22厘米。头侧具有黑纹，背面大部灰褐色，腹面棕白，尾羽棕红色。在树梢上栖息，经常会四处张望，一旦发现有饵物，便迅速飞下来捕捉。天性凶猛，喜食小鸟、小型哺乳动物和各种昆虫，也吃高粱。雌雄共同营巢，以蒿草搭成。每窝产卵4～8枚。由雌鸟孵卵，孵化期14～16天；育雏早期，由雄鸟外出寻虫，归巢后吐入雌鸟口中，再由雌鸟喂雏。一周后，雌雄轮流寻虫喂雏仔伯劳。

伯劳在捕获到食物后，一般会将食物挂在荆棘上。有人认为这是伯劳在为冬天储存食物，也有人认为，伯劳根本不吃那些挂在枝头上的风干物。后来经过人们的仔细观察研究，伯劳并不喜欢吃这些风干的食物。此外，高原地区的红伯劳也会把食物挂在枝头上。这样看来，伯劳把不活的食物挂在枝头上，那只是它们的一种习性罢了。

伯劳大多分布在欧亚大陆及非洲，较特殊的灰伯劳分布的范围包含了接近极地的地区，或是像呆头伯劳出现在北美。另外，在南美和澳洲没有伯劳科的物种分布。

伯劳的繁殖期一般在 5～7 月，满窝卵 4～7 枚，以 4 枚者较为普遍。卵淡青色至淡粉红色，上有淡灰蓝及暗褐色斑点，在钝端较集中。卵重 3.0～3.8 克，日产 1 卵。孵卵由雌鸟担任，孵化期 13～15 天。雌鸟在孵卵时，雄鸟担任警戒并常衔虫饲喂雌鸟。由两性共同育雏，平

※ 红尾伯劳

均每小时喂雏 17～24 次。雏鸟留巢期在 13～15 天。破壳雏重约 2 克，5 天后就可以睁眼，离巢前体重 24.5～26.7 克。

▶ 知 识 窗

· 虎纹伯劳的分布范围 ·

　　虎纹伯劳为林栖鸟类，自平原至丘陵、山地均有分布，但较多见于丘陵至低山区，从低山（例如山东省烟台昆嵛山的海拔 100 米处）至中山（例如北京延庆县山区的海拔 900 米处），均采到过它的巢。分布虽然较广泛，但种群密度较低，而且多分布在红尾伯劳较少的地区，受到后者的排挤。喜栖息在疏林边缘，带荆棘的灌木以及洋槐等阔叶树，是经常选用的巢址。性格凶猛，常停栖在固定场所，寻觅和抓捕猎物。以昆虫为主食，其中金龟（虫甲）、步行（虫甲）、蝗虫以及膜翅目、鳞翅目昆虫占绝大多数。

| 拓展思考 |

1. "劳燕分飞"这个成语代表了哪两种鸟？有什么延伸意义？
2. 伯劳在中国的历史上扮演了什么重要的角色？

柳雷鸟

Liu Lei Niao

※ 柳雷鸟

松鸡家族中一种中等体型的鸟——柳雷鸟，其还有许多别名：雷鸟、柳鸡、苏衣尔、雪鸡。主要分布于欧亚大陆的北部至蒙古、乌苏里及萨哈林岛。已被列为我国的二级重点保护野生动物。

柳雷鸟是一种典型的植食鸟类，它们很少吃昆虫。主要食各种桦树、柳树、杨树等乔木的嫩芽、嫩枝、嫩叶、花絮、种子和果实。冬春季吃植物的芽苞和嫩枝，夏季吃绿叶，秋季吃草籽和浆果。

雄柳雷鸟在夏季时，身体的羽毛上半部分为黑褐色（上面有不规则的棕黄色横斑），下半部分为白色；翅膀的羽毛为白色；黑褐色的尾巴中央有一对白色尾羽；脚上也覆盖着白色羽毛。雌鸟身体的羽毛上半部分为黑褐色（上面有淡黄色点斑），羽端为白色；下半部分为污黄色。到了秋季，雄鸟和雌鸟上体的羽色都变成了棕黄栗色，布满黑色的斑纹，胸、腹部换成了白色的羽毛。进入冬季，雄鸟和雌鸟全身的羽毛都变为白色，仅尾羽和飞羽的羽干为黑色。柳雷鸟眼睛内的虹膜为褐色；嘴黑色；爪黑色。红色的眉瘤四季常见。

柳雷鸟是典型的寒带鸟类，到了冬季，柳雷鸟就生活在北极附近的冻原地带、冻原灌丛森林和多岩石的草甸地带，非常耐寒。它们也喜欢在树林中活动，有时也到农田地带。大多时候都成群活动，除了繁殖期外。冬季甚至可达百只以上。活动范围非常广，冬季会进行长途迁移。

在我国，仅在东北部沿黑龙江的柳树丛中可以看到。中国目前 2 个亚种，而白尾雷鸟仅分布在北美。柳雷鸟有 19 个亚种，在世界上分布遍及旧大陆和新大陆的北部，在国外是重要的狩猎鸟类。在中国，柳雷鸟过去仅认为分布于黑龙江流域，但后来有报道称在新疆阿尔泰山也有分布。

它们会随季节的不同，而不断地变化栖息地。夏秋季栖息于桦树幼林、有块状松林的苔藓沼泽地、桦树为主的混交林、或耕地附近的小块阔叶林中，也见于一些灌丛林中。冬季栖息在柳丛和小片森林的沿河区域。

※ 白尾雷鸟

柳雷鸟的发情期一般在4～5月间，繁殖期是5～7月，配对前雄鸟会在自己占据的领地里炫耀表演并发出求偶的鸣叫声，吸引雌鸟前来交尾。巢置于地上草丛间，为浅的穴，内铺以少量的枯枝、草叶、树叶、羽毛等。每年产一窝，窝卵数一般为7枚。

知识窗

· 柳雷鸟的饲养 ·

柳雷鸟的饲养在中国北方已笼养，一般鸡笼就可以。柳雷鸟的肉味鲜美，比家鸡的肉质更富有营养，是一种极受人们青睐的美味佳肴。据有关资料表明，其肉质富含高蛋白质而脂肪含量低，是国际消费市场的重要食品。其羽色艳丽，可供装饰，具有很高的实用价值。又因柳雷鸟的适应性强，近百年来，国际间很多山林及狩猎场内争相移植放养，故人工养殖发展较快，欧美很多国家每年人工养殖柳雷鸟数以百万计，营利非常可观。中国近年已开始柳雷鸟的人工养殖，但其规模及产量目前尚难与国外相比。人工养殖柳雷鸟，需有一定的笼网设备，否则便会逃失。

拓展思考

1. 柳雷鸟为什么被称为"时装大师"？
2. 柳雷鸟有什么习性？

生活在森林草原中的动物

Cui Niao

在我国分布有 3 种翠鸟，即斑头翠鸟、蓝耳翠鸟和普通翠鸟。最后一种常见，分布也较为广泛。而全世界共有蓝耳翠鸟约 90 种，由于躯体不仅短而且也比较肥，所以成为独栖鸟类的通称。翠鸟也是常出现在水边的中型水边鸟类。

※ 翠鸟

翠鸟的嘴长而尖且粗厚，头大尾短，脚也比较短，多以鱼为食，体强，体长在约 10.45 厘米，羽衣鲜艳；许多种类有羽冠。腿短，大多数尾短或适中。它的头较大与身体很不相称，喙长似矛，翼短圆。在进化过程中，3 个前趾中有 2 个基部都已经愈合了。

从整体来看翠鸟，其色彩配置的也是十分鲜丽。头至后颈部为带有光泽的深绿色，其中布满蓝色斑点，从背部至尾部为光鲜的宝蓝色，翼面也是呈绿色的，带有蓝色斑点，翼下及腹面则为明显的橘红色。喉部有一大白斑，脚为红色。一般自额至枕蓝黑色，密杂以翠蓝横斑，背部辉翠蓝色，腹部栗棕色；头顶有浅色横斑；嘴和脚均赤红色。远远看去，翠鸟跟啄木鸟很像。由于背部和面部的羽毛呈翠蓝而发亮，生物界将其通称为翠鸟。

在世界各地都有翠鸟的分布，我国主要分布于中部和南部，为留鸟。

翠鸟的个性之一就是孤独，平时，翠鸟常独栖在近水边的树枝上或岩石上，找准机会再猎食，食物以小鱼为主，有时候也吃甲壳类和多种水生昆虫及其幼虫，也啄食小型蛙类和少量水生植物。因而又有鱼虎、鱼狗之称。而且，翠鸟在扎入水中，还能保持极佳水中捕鱼的视力。因为，它的眼睛在进入水中后，能迅速调整水中因为光线造成的视角反差。所以说，翠鸟的捕鱼本领是十分高超的，几乎是百发百中。

在我国的南方，斑头翠鸟的繁殖期在每年的 4～7 月。翠鸟能用它的粗壮大嘴在土崖壁上穿穴为巢，也营巢于田野堤坝的隧道中，这些洞穴鸟类与啄木鸟一样，洞底一般不加铺垫物。卵直接产在巢穴地上。每窝产卵 6～7 枚。卵色纯白，辉亮，稍具斑点，大小约 28 毫米×18 毫米，每年 1～2 窝；翠鸟的孵化期约 21 天，雌雄共同孵卵，但只由

※ 蓝耳翠鸟

雌鸟喂雏。由于翠鸟非常喜食鱼类，所以对渔业生产很不利。另外，翠鸟美丽的羽毛也可以作装饰品。

翠鸟亚科的种类有着窄窄的喙，而且会扎入水中捕捉小鱼。许多种类也捕食其他小型水生动物，如旧大陆的普通翠鸟和北美的带翠鸟。笑翠鸟亚科的种类有着宽宽的喙，不常水栖；如澳大利亚的笑翠鸟以昆虫、蜥蜴、蛇和其他小动物为食。东南亚的赤翡翠会在石上敲碎蜗牛，以食蜗牛的肉；翡翠在河南境内 2000 年曾经发现过，但至今还没有再见。

知识窗

·吉祥物笑翠鸟·

笑翠鸟被认为是澳洲的标志性鸟类之一，曾经在悉尼奥运会上被当作吉祥物。澳洲的精灵使者笑翠鸟如今又有了新的使命。2010 年，笑翠鸟"鹏鹏"化身为澳大利亚馆的吉祥物，降临上海世博会园区，和上海人民一起欢迎来自世界各地的朋友。

拓展思考

1. 我们所学过的文章《翠鸟》是怎么对它进行描述的？
2. 笑翠鸟有什么特征？

生活在森林草原中的动物

画 眉

Hua Mei

画眉是中长型鸟类，是雀形目画眉科的鸟类。体型比较小，约 21～24 厘米。

雌雄画眉的羽色相似。上体呈橄榄褐色，头顶至上背棕褐色具黑色纵纹，眼圈白色，并沿上缘形成一窄纹向后延伸至枕侧，形成清晰的眉纹，极为醒目，下体棕黄色，喉至上胸杂有黑色纵

※ 画眉

纹，腹中部灰色。特征是比较明显的，特别是通过它特有的白色眉纹，向后延伸呈蛾眉状的眉纹；画眉的名称由此而来。下体亦为棕黄色，两胁较暗无纵纹，腹中部污灰色，肛周沾棕，翼下覆羽棕黄色。7 月幼鸟上体淡棕褐色无纵纹，尾亦无横斑，下体绒羽棕白色亦无纵纹或横斑。9 月幼鸟已和成鸟相似，但羽色稍暗，头顶至上背、喉至胸均有黑褐色纵纹。虹膜橙黄色或黄色，上嘴角色，下嘴橄榄黄色，跗蹠和趾黄褐色或浅角色。

画眉主要生活在中国长江以南的山林地区，栖息在丘陵及山地的阔叶林、针阔混交林、针叶林、竹林等林下灌木层及次生林。喜欢单独生活，到了秋冬季节就会结集小群活动。天性机敏胆怯，常立于树梢枝丫间鸣叫，引颈高歌，音韵多变、委婉动听，还擅于模仿其他的鸟鸣声、兽叫声和虫鸣，尤其是在 2～7 月间，喜欢在傍晚鸣唱。杂食性，有时在树上取食，有时在地上翻动落叶，寻觅食物。植物性食物包括种子、果实、草籽、草莓等占 46%；动物性食物主要为昆虫，有鞘翅目、直翅目、鳞翅目幼虫等占 54%。每年可繁殖两窝，每窝产 4～5 枚淡青色卵，在地面草丛中或灌丛基部筑巢，巢以细草茎及叶片等编成，呈浅杯状，结构十分疏松。

画眉是一种珍贵的笼鸟，也是自然界内保护农林的益鸟，近年来各地鸟市上捕捉和出售的画眉数量十分众多，应该根据具体情况适当进行控

制，以防资源受到破坏。

在我国主要分布在甘肃、陕西和河南以南至长江流域及其以南的广大地区，东至江苏、浙江、福建和台湾，西至四川、贵州和云南，南至广东、香港、广西和海南岛等整个华南及沿海一带。国外主要分布于老挝和越南北部。

画眉的繁殖期为 4～7 月，一年 2 次。营巢于茂密草丛、灌木丛间。巢呈杯状，主要由树叶、树枝、竹叶构成，内垫有细草。巢一般距地面 0.3～0.5 米。以树叶、竹叶、茎枝为巢材，内衬以细草等；产卵 2～4 枚，卵重 5～8 克；卵天蓝色，光滑无斑点。孵卵温度在 36.5℃～39℃。

画眉被誉为"鹛类之王"而驰名中外。它不仅仅是重要的农林益鸟，而且其鸣声悠扬婉转，悦耳动听，又能仿效其他鸟类鸣叫，一直以来被民间饲养为笼养观赏鸟。因此每年不仅大量被民间捕捉饲养观赏，而且大量出口国外。

▶ 知 识 窗

·画眉的挑选技巧·

选鸟首先要根据饲养者的目的来挑，有的要求画眉鸟善鸣，有的要求善斗，有的要求两者兼具，当然既善鸣又善斗确实至善至美，但是养鸟实践证明，这种想法常常不符合实际。如果想饲养一只善于鸣唱的画眉鸟，应选择毛紧密，眼圈又白又大，眼睛大而突，眉长而清，无杂毛，不断线，在笼内跳跃端庄，不甚畏人，鸣叫时身体挺立不下蹲，膛音高，浑厚响亮，音韵富有变化，出口节奏较快者为优。

| 拓展思考 |

1. 欧阳修所著的《画眉鸟》表达了作者怎么样的心情？
2. 训练鸟的三部曲是什么？

生活在森林草原中的动物

黄鹂

Huang Li

黄鹂为中型雀类，黄鹂是鸟纲雀行目黄鹂科黄鹂属鸟类的统称。共 28 种。中国有 6 种，以黑枕黄鹂为典型代表。是中等体型的鸣禽，羽色鲜黄，雄性成鸟的鸟体、眼先、翼及尾部均有鲜艳的亮黄色和黑色分布。雌鸟较暗淡多绿色。幼鸟羽色似雌鸟下体具黑褐色纵纹。主要生活在阔叶林中。取食昆虫，也吃浆果。

※ 黄鹂

黄鹂也是很多文学作品中描写的对象，主要分布于古北界和东洋界。黄鹂属鸟类为著名食虫益鸟，羽色艳丽，鸣声悦耳动听。

黄鹂的嘴与头一样长，较为粗壮，嘴峰略呈弧形、稍向下曲，嘴缘平滑，上嘴尖端微具缺刻；嘴须细短；鼻孔裸出，上盖以薄膜。翅尖长，具 10 枚初级飞羽，第 1 枚长于第 2 枚之半；尾短圆，尾羽 12 枚。跗蹠短而弱，适于树栖，前缘具盾状鳞，爪细而钩曲。体长 22～26 厘米，

※ 黑枕黄鹂

通体鲜黄色，自脸侧至后头有 1 条宽黑纹，翅、尾羽大部为黑色。嘴较粗壮，上嘴先端微下弯并具缺刻，嘴色粉红。翅尖而长，尾为凸形。腿短弱，适于在树上栖息，不善步行。腿和脚呈铅蓝色。

生活在森林草原中的动物

黄鹂主要捕食昆虫，有时也吃浆粉。黄鹂是在鸟类中著名的食虫益鸟，羽色鲜艳，鸣声悦耳动听。黄鹂天性比较胆小，通常在树顶上是见不到的，但能根据其响亮刺耳的鸣声而判断其所在的位置。主要生活在阔叶林中。栖树时体姿水平，羽色鲜艳，鸣声悦耳而多变，飞行姿态呈直线型。

黄鹂大多数为留鸟，也有少数种类有迁徙行为，迁徙时不集群。栖息于平原至低山的森林地带或村落附近高大的乔木上，在夜间穿飞觅食昆虫、浆果等，很少到地面活动。

该科的鸟类主要分布于除新西兰和太平洋岛屿以外的东半球热带地区，有 2 属 29 种。中国有 1 属 5 种另 4 亚种。广布于古北界和东洋界。欧洲唯一的种为金黄鹂，黄色，眼周及翅黑色，体长 24 厘米，向东分布至中亚及印度。非洲金黄鹂与之相似。栗色黄鹂产于亚洲，分布于喜马拉雅至印度支那，体色深红，有光泽。绿黄鹂产于北澳大利亚，仅以果实为食。

雄鸟在繁殖期间鸣声清脆悦耳。在高树的水平枝杈基部筑悬巢，雌雄共同以树皮、麻类纤维、草茎等在水平枝杈间编成吊篮状悬巢。多以细长植物纤维和草茎编织而成，结构紧密。每窝产卵 4～5 枚，卵粉红色，杂以稀疏的紫色和玫瑰色斑点，卵壳有光泽。由雌鸟孵卵，卵的孵化期 13～15 天；育雏由两性担任，雏鸟在巢期 14～15 天；雏鸟离巢后尚需双亲照料 15 天左右，就可以自己单独觅食了。

▶ 知 识 窗

·黑枕黄鹂·

黑枕黄鹂为典型代表，黑枕黄鹂又称黄莺，体长 22～26 厘米，通体鲜黄色，自脸侧至后头有 1 条宽黑纹，翅、尾羽大部为黑色。嘴较粗壮，上嘴先端微下弯并具缺刻，嘴色粉红。翅尖而长，尾为凸形。腿短弱，适于树栖，不善步行。腿、脚铅蓝色。雌鸟羽色染绿，不如雄鸟羽色鲜丽；幼鸟羽色似雌鸟，下体具黑褐色纵纹。

拓展思考

1. 《蜗牛与黄鹂鸟》这首歌讲述了一个怎样的故事？
2. 简述黄鹂主要分布地区。

杜鹃

Du Juan

杜鹃分为杜鹃亚科和地鹃亚科，约有 60 种树栖种类。杜鹃又被称布谷鸟，属于鹃形目，杜鹃科，鸟类。杜鹃的形长不一，金鹃体长 16 厘米，地鹃可达 90 厘米。杜鹃主要分布于全球的温带和热带地区，在东半球热带种类较多。

杜鹃属于胆怯的鸟类，常常可以听到它的声音，但却见不到它的踪影，一般栖息在植被稠密的地方。杜鹃多数种类为灰褐色或褐色。但少数种类有明显的赤褐色或白色斑，金鹃全身大部分或部分有光辉的翠绿色。有些热带杜鹃的背和翅呈蓝色，有强烈的彩虹光泽。少数种类的杜鹃喜欢近徙，而多数杜鹃的翼多较短，尾长且凸，个别尾羽尖端有白色。杜鹃的

※ 杜鹃

腿属中等长或较长型，属于陆栖类，脚是对趾型，外趾翻转，趾尖向后。但是，杜鹃的喙强壮而稍向下弯。

孵卵寄生性是杜鹃的特性，杜鹃鸟的这种特性多见于杜鹃亚科的所有种类和地鹃亚科的 3 个种。这种特性就是将自己的卵产于某些种鸟的巢中，靠其他鸟类父母孵化和育雏。杜鹃亚科的 47 种有不同的适应性以增加幼雏的成活率：杜鹃的卵形非常像寄主的卵形，这样就会减少被寄主抛弃的机会。此外，杜鹃成鸟会移走寄主的一个或更多个卵，以免被寄主看出卵娄的增加，这样就减少了寄主幼雏的竞争；让大家更想不到的是，杜鹃幼雏也会将同巢寄主的卵和幼雏推出巢外。因此，在鸟类中，杜鹃的这种特性是非常少见的。

在杜鹃种类中，也有非寄生性的，如地鹃。在北美洲广泛分布的是黄

嘴美洲鹃和黑嘴美洲鹃。小美洲鹃常在美国佛罗里达南部的海滨出现，在西印度岛、墨西哥到南美北部也有这种鹃种。在中、南美洲有 12 种非寄生的地鹃，有些种归属晰鹃属和松鹃属。东半球有 13 种地鹃，分为 9 个属。地鹃常在低矮的植被中用树枝筑巢。此种杜鹃是雌、雄鸟均参与抱卵育雏。

由于杜鹃的外形和行为和鹰属有些相像，寄主见了就会害怕，所以杜鹃能不受干扰地接近寄主的巢。这样一来，杜鹃也就又有了"恶鸟"的称谓。

如果把杜鹃以益鸟和害鸟进行划分是不科学的。如果人们只看到它为了自己的利益，而将其他鸟类的卵移走，就将其划分为害鸟也是不正确的。杜鹃把自己的蛋产在别的鸟类的鸟巢里，而且一般会比别的鸟类早出生，只要一出生它就把其他的鸟蛋推出鸟巢，并发出凄厉的叫声要吃的。杜鹃这样的行为，如果依照人类的道德标准来看，就是非常邪恶了。这就是说，其他鸟类养了杜鹃，它们还杀害了其他鸟类的孩子。

每到春末夏初，我们经常可以听到"布谷！布谷！"的叫声，或者是"早种包谷！早种包谷！"再或者是"不如归去！不如归去！"这种声音清脆、悠扬，非常悦耳动听。如果听成"不如归去"的话，就会令人顿生惆怅和忧伤。山民们都叫它"布谷鸟"，其实就是杜鹃。它就是催春鸟，吉祥鸟。

知识窗

·杜鹃鸟的别名为什么叫子归·

传说古蜀国有一位皇帝叫杜宇，与他的皇后很恩爱，后来他遭奸人所害，凄惨地死去，灵魂就化作一只杜鹃鸟，每日在皇后的花园中啼鸣哀嚎，它落下的泪珠是一滴滴红色的鲜血，染红了皇后园中美丽的花朵，所以后人就叫它"杜鹃花"。那皇后听到杜鹃鸟的哀鸣，见到那殷红的鲜血，这才明白是丈夫灵魂所化，悲伤之下，日夜哀嚎着"子归、子归"，终究郁郁而逝，她的灵魂化为火红的杜鹃花开满山野，与那杜鹃鸟相栖相伴，所以，这杜鹃花又叫"映山红"，这便是"杜鹃啼血，子归哀鸣"的典故。

拓展思考

《飞越杜鹃巢》这部电影反映了怎样的社会现实？

生活在森林草原中的动物

森

林中的哺乳类动物

SENLINZHONGDEBURULEIDONGWU

　　哺乳动物隶属于动物界，脊索动物门，脊椎动物亚门，哺乳纲。

　　哺乳动物种类繁多，分布广泛，主要按外形、头骨、牙齿、附肢和生育方式等来划分，习惯上分三个亚纲：原兽亚纲、后兽纲、真兽亚纲，现存约28个目4000多种。

绒毛猴

Rong Mao Hou

生活在森林草原中的动物

绒毛猴是卷尾猴科绒毛猴属两三种南美猴类的统称。在亚马逊盆地森林中栖息，但是随着现代经济和交通的不断发展，生活环境遭到了严重的破坏，数量已经变得越来越少了。

绒毛猴的体长平均在 40～60 厘米，尾长比体长稍微大些。毛短而密，呈棕褐、灰、微红或黑等色，有些类型头部颜色较深。头大而圆，面裸露，黑或褐色。四肢强健有力，尾大，具执握能力。由于其身体粗壮，腹部突出，所以在葡萄牙文中被称为"大肚猴"。

绒毛猴主要分布于巴西（亚马逊河流域），哥伦比亚，厄瓜多尔，秘鲁。它们喜欢群居，经常是成小群生活，常与卷尾猴、吼猴和其他猴类结伴。通常用四肢行走，动作迟缓，也时常用手、脚和尾，或只用尾在树上悠荡前进。在地面上能直立，用尾作为支撑。绒毛猴大约是 4 年后性成熟。妊娠期约 225 天，每胎一仔。食物以果实、树叶为主、豢养时能食各种食物。性温和，驯服；但豢养时需要一定程度的悉心照顾。情绪不好时会流泪。饲为玩赏动物的绒毛猴似喜欢玩捉迷藏。褐绒毛蛛猴的形状介于

※ 绒毛猴

※ 绒毛猴

24

绒毛猴和蛛猴之间。绒毛猴主要分布于南美洲北部的海岸热带雨林中，比较罕见，容易被捕杀。

绒毛猴每年繁殖1～2次，每胎1仔，少数可多到3仔。幼体生长比较缓慢。哺乳期多抓爬在母体胸、腹部或骑在母背上，由母亲带着活动。性成熟的雌性有月经，雄性能在任何时间交配。只有低等猴类，如狐猴、懒猴、指猴具有一定的交配、繁殖季节。

※ 褐绒毛蛛猴

▶ 知 识 窗

· 狨猴 ·

　　狨科有3属35种之多，是产于中南美洲的小型低等猿类，特点是体小尾长，尾不具有缠绕性，头圆、无颊囊、鼻孔侧向。各种狨猴皆活泼温顺脆弱，易驯养。狨又名"囊猴"，因小狨可以放在衣袋或手笼中而得名。需经常食虫，不然难以长期存活。

拓展思考

你能否写一篇关于绒毛猴的小文章呢？

猩 猩
Xing Xing

我们平时说的猩猩是红毛猩猩。猩猩是动物界、脊索动物门、脊椎动物亚门、哺乳纲、灵长类、灵长目、猩猩科、猩猩属动物。猩猩曾一度广泛分布在东南亚和中南半岛，它们多栖息在低地和山区的热带雨林地区，包括龙脑香树林和泥炭沼泽树林。它们只栖息在树上，独自生活。猩猩在行走的时候手和脚是卷起的。

猩猩是亚洲大陆上惟一的大猿，现在猩猩仅存于婆罗洲和苏门答腊岛的丛林中，它们是世界上最大的树栖动物，也是繁殖最慢的哺乳动物。野

※ 猩猩

生的猩猩平均寿命约为 35 岁，人工饲养下的约为 60 岁。

在马来语中猩猩是森林中的意思，它们在树上攀爬的时候十分谨慎，由于它们身体有些笨重而无法跳跃，它们就在树林中利用长长的前臂和短短的腿抓住树干进行攀爬。

雄性的猩猩长约为 97 厘米，雌性约为 78 厘米；雄性的身高约为 137 厘米，雌性约为 115 厘米。雄性的体重约为 60～90 千克，雌性约为 40～50 千克。猩猩的体毛比较稀而且也少，毛色还很粗糙，大多为红色，在猩猩幼年时毛发为亮橙色，但是也有的猩猩在成年后变为栗色或深褐色。

猩猩的牙齿和咀嚼肌相对来说都比较大，可以咬开贝壳和坚果。猩猩的面部赤裸，脸颊呈黑色，但是在猩猩幼年的时候，眼部和口鼻部呈粉红色。雄性的脸颊上有明显的有脂肪堆积成的突出"肉垫"。

由于猩猩体型非常庞大，所以它的胃口也特别的大，所以它们经常分布在植物肥沃的沼泽森林。猩猩生活的密度取决于果实的产量，特别是含果肉丰富的果实。对于果肉丰富的果实来说，峡谷比斜坡多，低地又比山上多，所以，分布在苏门答腊岛的猩猩比婆罗洲多。

猩猩是一种素食者动物，经常吃一些含果肉丰富的果实，还会吃一些嫩树枝，偶尔也会吃昆虫、鸟卵和小型的脊椎动物。虽然是素食主义者，由于它的胃口特别大，所以有的时候它们甚至可以花上一整天的时间坐在果实上吃水果。

※ 雄性黑猩猩

在水果还没有成熟或者是缺少食物的时候，它们会吃一些种子或者是树木或者是藤蔓植物的皮。当缺少缺汁的水果时，它们也不会担心，因为这个时候它们会喝树洞里面的水。

猩猩是一种生长繁殖很慢但是又很长寿的动物，雌性约在 10 岁达到性成熟，到 30 岁停止生育。每 3 年～6 年产一仔，怀孕期约为 235 天～270 天。幼仔需要哺乳 3 年，7～10 岁的时候才完全独立。雌性猩猩的产仔间隔通常是 8 年。在野外，雌性能够活 45 岁左右，因此它们一生最多能够生产并养活 4 个孩子，这也是哺乳动物中生产数量最少的动物。

现在由于人类的过分捕捉，野外猩猩正面临着灭绝的危险。由于猩猩靠果实为生，所以猩猩对伐木业很敏感，随着伐木活动越来越多，它们就会完全地消失。自然保护区以外的大部分森林都已被改造成为农田或者消失了。因此，现在保护猩猩的惟一有效途径就是在自然保护区和国家公园尽可能为它们保留栖息地。

▶ 知 识 窗

· 黄猩猩 ·

黄猩猩是亚洲惟一的大猿，分布于印度尼西亚、马来西亚的部分地区。黄猩猩体态庞大，体长一般为 1.25～1.5 米，最长可达 1.8 米，雄性体重约 75 千克，人工饲养下可达 100 千克，在灵长类中，除大猩猩外，黄猩猩体型最大。

它们是世界上最大的树栖动物，也是繁殖最慢的哺乳动物。猩猩被认为是社会的隐居者，而且性生活非常独特，它们建立的地区性模式使人回想起了人类早期的文化。

| 拓展思考 |

猩猩最讨厌什么线?

生活在森林草原中的动物

猴

Hou

我们通常所说的猴只是一个俗称，在灵长目中很多动物我们都称之为猴。灵长目是哺乳纲的 1 目。按区域分布或鼻孔构造，猿猴亚目又分为阔鼻猴组，又称新大陆猴类；狭鼻猴组，又称旧大陆猴类。本目包括 11 科约 51 属 180 种，主要分布于亚洲、非洲和美洲温暖地带，通常栖息在林区。灵长类中体型最大的是大猩猩，体重可达 275 千克，倭狨是世界上最小的猴，体重仅有 70 克。

※ 猴

　　它们是动物界中最高等的类群，大脑发达，眼眶朝向前方，眶间距窄；手和脚的趾（指）分开，大拇指灵活，多数能与其他趾（指）对握。包括原猴亚目和猿猴亚目。原猴亚目颜面似狐；无颊囊和臀胼胝；前肢短于后肢，拇指与大趾发达，能与其他指（趾）相对；尾无法卷曲或蜷曲。猿猴亚目的颜面很像人；通常具有颊囊和臀胼胝；前肢通常比后肢长，大趾有的退化；尾长、有的可以卷曲，有的没有尾巴。

　　绝大多数的灵长类动物的头骨都有比较大的颅腔，呈球状，这是因为颌部变短，脸部变扁导致；眶后突发育形成骨质眼环，或全封闭形成眼窝；多数种类鼻子短，其嗅觉次于视觉、触觉和听觉，某些低等种类在脑中具有高度发达的嗅觉中枢，并在很大程度上靠嗅觉行动。某些狐猴有较长的鼻部。金丝猴属和豚尾叶猴属的鼻骨退化，形成上仰的鼻孔。长鼻猴属的鼻子又大又长。上述这些特殊的类型都是因为肌肉或软骨发育而形成的。它们脚的拇趾和它趾可以对握，从而使得手和脚成为抓握器官。

　　有很多种类的胸部或腋下有 1 对乳头，不过指猴的 1 对乳头长在腹部。雄性的阴茎是悬垂形，多数具阴茎骨，而眼镜猴、绒毛猴、人和某些种类不具。精巢包于囊中。雌体具双角子宫或单子宫。体被毛，有的柔软细密，有的粗硬，或在局部很长，或在毛上具异色环节。有的头顶有长毛，形成丛状毛冠，或甚短，呈平顶，或秃顶无毛。有的在两颊或颌下具长毛，形状像胡须。有些种类在两肩、后背、臀部长有长毛，有些种类的体毛非常华丽。

对于猿猴类来说，它们的 5 指只能同时屈伸，不可以单独应用。掌面与面裸出，有指、趾纹，纹路形态不一。具有非常软或宽的足垫，除黑猿外，皆为行性。多数种类的指和趾端均具扁甲。一般前后肢长相差不大，只有长臂猿科和猩猩科的前肢比后肢长得多。猿类和人无尾，在有尾的种类中，它们的尾长差异很大，从只有一个突起到超过身体长。卷尾猴科大部分种类的尾巴具抓握功能，人们称之为"第五只手"。有些旧大陆猴（如狒狒）的脸部、臀部或胸部皮肤的色彩很鲜艳，到繁殖期更加明显。它们臀部有粗硬皮肤结成的硬块，称作臀胼胝。

绝大部分的灵长类动物都是各种形式的树栖或半树栖生活，仅有环尾狐猴、狒狒和叟猴地栖或在多岩石地区生活。一般以小家族群活动，也有结大群活动的。它们直立行走的时间很短。它们通常是在白天活动，个别夜间活动的有指猴、一些大狐猴、夜猴等。像大倭狐猴和倭狐猴在炎热季节中会夏眠多日至数周。

大多数的猴是属于杂食性、吃植物性或动物性食物。它们选择食物和取食方法各有不同，比如指猴善于抠食树洞或石隙中的昆虫。猩猩有非常大的食量，它们生命中的一大部分的活动时间都是在觅食。疣猴科有构造奇怪的胃，很多种类以吃粗纤维多的植物性食物为主。

※ 环尾狐猴

有一部分猴子是居住在树上，也有些是住在草原上。不过新世界猴主要居住在中南美洲，旧世界猴则住在非洲和亚洲。

猴通常每年繁殖 1～2 次，每胎 1 仔，个别可能会达到 3 仔，幼体生长很缓慢。哺乳期多抓爬在母体胸、腹部或骑在母背上，由母猴带着活动。性成熟的雌性有月经，雄性可以在任何时间进行交配。其实，只有低等猴类，例如狐猴、懒猴、指猴等对交配、繁殖季节有一定的要求。

·猴的进化·

到目前为止，还没有一个人能够准确地回答人类起源问题。纵观整个人类起源研究史我们可以看到，达尔文主义者认为人类起源于猿猴，另外有人至今仍坚持上帝造人的说法。还有人认为，人类起源于外星生命，当然也有人什么也不相信，只相信自己的爸爸和妈妈。当今时代的特点就是信息开放，既然各种各样的假想和学说能够共存，那么我们也就没有理由排除各类学说流派为自己所坚持的理论寻找自圆其说的证据。

|拓展思考|

《西游记》中的孙猴子是属于什么类的？

生活在森林草原中的动物

长臂猿

Chang Bi Yuan

被称为动物中的"杂技演员"的长臂猿是猿类中行动最快捷灵活的一种。由于它们的身材苗条，两臂修长，动作灵巧，如同鸟飞一样穿林过树，所以它们的动作潇洒自如、轻松优美。另外，最重感情的动物就是长臂猿。

长臂猿产于亚洲。我国有 5 种长臂猿，即白掌长臂猿、白眉长臂猿、海南黑冠长臂猿、黑长臂猿和白颊长臂猿，它们都是我国的一级保护动物。

虽然长臂猿是比较小巧的动物，身高也不足 1 米，但它的前臂特别长，双臂展开却也有 150 厘米，只要站立手就可以触碰到地，所以长臂猿

※ 长臂猿

生活在高大的树林中，采用"臂行法"行动，像荡秋千一样从一棵树到另一棵树，一次可跨越 3 米左右，加上树枝的反弹力可以达 8～9 米，而且速度非常令人吃惊。在地面上的它们却显得十分笨拙。

长臂猿两条灵活的长臂和钩形的长手，使它们穿林越树如履平地，无论觅食、玩耍、休息、求偶、生殖、哺育幼仔等全部都是在树上进行。行动的时候，能用单臂把自己的身子悬挂在树枝上，双腿蜷曲，来回摇摆，就像荡秋千一样荡越前进。雌长臂猿还让刚出生不久的幼仔把手脚抱在自己的胸前，带着它一起在森林的上空飞速行进。它们的动作灵活、自然、轻松、优美，就像鸟飞一样，常常使人们看得目瞪口呆。

长臂猿的喉部长有喉囊，又叫音囊，喊叫的时候，喉囊可以胀得很大，使喊声变得极其嘹亮。它们特别喜欢鸣叫，形式有雄兽的"独唱"、雄兽和雌兽的"二重唱"和雄兽及其家庭成员的"大合唱"等等。特别是

气势磅礴的"大合唱"，一般是成年雄兽首先发出引唱，然后成年雌兽伴以带有颤音的共鸣，以及群体中的亚成体单调的应和，"呜喂，呜喂，呜喂，哈哈哈"，音调由低到高，清晰而高亢，震动山谷，几千米之外都能听到。它们的这种习性，一方面用来联系群体，是进行表达情感的信号，另一方面是对外显示自己的存在，防止入侵的手段。但我们也感到很痛惜，它们高昂悦耳的歌声也给自己带来了灭顶之灾，因为偷猎者正是根据歌声寻找到它们的。所以，长臂猿有高空"杂技演员"兼"歌唱家"的美誉。

※ 白掌长臂猿

在我国黑长臂猿的分布变迁大体经历如下几个阶段：在18世纪以前开始减少，例如在三峡等地绝迹，但主要开始于18世纪。这一时期，陕西凤翔府的种群已经绝迹，其各地也在逐步减少，安徽安庆府和徽州府的种群也在这一时期消失。19世纪黑长臂猿种群继续减少，在长江以北只剩下陕西的周至、户县、镇坪，河南的光州，四川的万源，江北厅等少数地点还有残存；长江以南的湖南西北部、西南部，江西东部的袁州，安徽安庆、六安州，浙江天目山等地的种群相继消失，福建、广东、广西等地的分布区也有很大程度的缩小。19世纪末到20世纪初，长江以北分布的残存地点统统消失，福建、台湾、广东、广西的种群也相继灭绝。到了20世纪60年代以后，黑长臂猿仅见于云南、广西和海南等地，其中分布于广西龙州大青山地区的黑长臂猿尚未开展研究，就已经于50年代绝迹。生存在云南的黑长臂猿的数量也在不断下降，全省仅有不足1000只，其中有1/3栖息在景东的哀牢山、无量山一带。

随着现代经济领域不断地发展扩大，原始森林也在不断地被人们开发，再加上人们乱捕滥杀，现在长臂猿的分布范围已经越来越小，数量急剧下降，白颊长臂猿的分布仅限于云南南部的几个县境内，仅剩70只左右。

白掌长臂猿分布在云南西南部的几个县境内，是我国长臂猿中数量最少的一种，仅剩下 30~40 只左右。白眉长臂猿生活在云南北部，野外数量也仅有 100 只左右。

▶ 知 识 窗

·海南长臂猿·

　　海南长臂猿是世界四大类人猿之一，栖息在海南岛霸王岭国家级自然保护区的热带雨林中，属于国家一级保护濒危物种。它们天性机警、行动敏捷，而且居无定所，野外观测十分困难。它不仅是一个濒临灭绝的珍稀物种，还是研究人类起源和进化过程的重要对象，其珍稀程度不亚于"国宝"大熊猫。

|拓展思考|

　　长臂皆如猿指的是什么？

Diao

※ 貂

貂又被称为"貂鼠"，它们的体型与家猫大小十分相似，但比较细长，四肢短健。体重达 1000～1500 克，个别可达 2000 克。颜色一般为黄色或紫黑色。种类中有很多貂属食肉鼬科动物中的一属。大部分貂属的动物都居住在树上，以松鼠为食，它们的食物中还包括小鸟和蛋。貂在我国主要产于东北地区，有多个品种。紫貂广泛分布在乌拉尔山、西伯利亚、蒙古、中国东北以及日本北海道等地，它们都是珍贵的毛皮动物。

貂比较偏爱安静的地方，适于生活在比较寒冷的气候里，大多时候都是独居，一年两次换毛，食物也是多样化的，主要以鱼类为主。

季节的变化影响着貂的发情周期，正常生殖周期时间是在秋冬季节，分娩一般在 1 月底至 3 月初，一只雄貂可与五只雌貂进行有效地交配。交配一般持续 20 分钟。雌貂于交配后 24～36 小时排第一次卵，7～10 天后排第二次卵。第一次排卵时未受孕者，争取在第二次排卵期再交配，成功率达 90％。交配后 10～40 天发生种植。妊娠期一般为 30～32 天。一胎最多生 10～11 只，但通常为 4 只，新生的貂没有毛、没有视力、也没有听力，重量约 10 克。雌貂吃仔现象很少见。幼貂生长非常迅速，到 21 天时体重可增至 100 克。

貂皮的价值非常高，用貂皮制成的皮草服装，雍容华贵，是理想的裘皮制品。它属于细皮毛裘皮，皮板优良，轻柔结实，毛绒丰厚，色泽光润。而在貂皮中，紫貂皮又是最名贵的，由于紫貂皮产量极少，致使其价格极其昂贵，所以才有"裘中之王"的美称。因此它又成为了人们富贵的象征。在国外，被称为"软黄金"。貂皮具有"风吹皮毛毛更暖，雪落皮

生活在森林草原中的动物

毛雪自消，雨落皮毛毛不湿"的三大特点。

早在 1697 年的时候，有很多的海貂，可是现在，因为被人猎杀，大量地取得貂皮，使海貂数量大量减少，加拿大已经看不到海貂，新英格兰也看不到海貂，北美洲的海貂已经彻底灭绝。

紫貂现已被列为一级保护动物，严禁捕猎野生的紫貂。

※ 紫貂

▶ 知 识 窗

·貂蝉·

"貂蝉"一名，在历史上本身有实际的意义。据史书记载，"貂蝉"貂指貂尾，蝉指附蝉。秦始皇让将军在头盔上缝貂尾，让谋士在帽子上缝貂尾。除了缝貂尾，秦始皇还要求缝"附蝉"，就是用白玉或金箔等材料做成蝉的样子，缝在头顶。秦朝的将军和谋士头上就有一条貂尾和几只附蝉，合称"貂蝉"。秦始皇往大将和谋士头上放这两样东西，是希望他们能像貂一样聪明伶俐，能像蝉一样品行高洁（蝉站在高枝之上，喝树汁度日）。汉朝侍中和中常侍头上有貂蝉。魏晋南北朝，隋唐五代及两宋，貂蝉一直都是部分高官头上必不可少的东西。

|拓展思考|

貂常见的疾病是什么？

生活在森林草原中的动物

袋 貂
Dai Diao

袋貂总科是双门齿类，包括澳洲有袋类近半数的种类，其中以一些澳洲史前和现代的袋类最具特色，大家最熟悉的物种均属于此类。最能代表外表和习性相差较远的动物就是袋貂了，现在存在的成员主要可以分为三大类：袋貂、袋熊和袋鼠。

它们最明显的特征是只有一以门齿，后肢的第二、三趾愈全，看着好像是一个脚趾上长了两个爪子。

在袋貂总科类中，大多数都是植食性的动物，还有一些小型的袋貂是食虫性或者杂食性的，也有些食蜜或者植物的汁液的。只有袋貂总科拥有真正植食性的成员。

※ 袋貂

在史前时期，袋貂总科中还有以袋狮为代表的大型肉食动物，澳大利亚历史上最大型的肉食哺乳动物就是袋狮，但是如果与其他的肉食有袋类且关系也比较远而属于以植食性为主的袋貂总科相比，它在结构上和其他的肉食动物有一定的差别。袋狮的主要猎物可能是当时同属于袋貂总科的大型植食性动物。

地球上生存过的最大型的有袋

※ 袋熊

类——双门齿兽是史前的大型植食性动物中体型最大的动物，双门齿兽和袋熊关系较密切，体型像河马一样大。

养殖袋貂要有足够大的空间，它们要进行攀爬，网笼内应放置天然的木头和树枝供它们咀嚼，攀爬。像一些橡木，水果树木（樱桃，苹果梨等），杨柳和白杨木等都是可以。不要使用被杀虫剂喷洒的任何树木。住所内需提供一个黑暗的巢箱供躲藏和睡觉，巢箱应该是封闭式并留一个出入孔，如果在明亮的太阳下出现，可能把它们敏感的眼睛损坏。简单的白色无味卫生纸或毛巾纸、干草或白杨木的芯片都可以被用作为卧垫。避免使用雪松、杉木削片，这些卧垫材料有很大的副作用，可能会导致眼睛、鼻子、喉咙、肺、皮肤的过敏。

▶知 识 窗

·沙漠袋貂·

沙漠袋貂，又名沙丘狭足袋鼩，是澳大利亚一种细小及肉食性的有袋类。

沙漠袋貂是所有狭足袋鼩属中最大及最稀有的物种之一。它们是灰色的，主要栖息在沙丘。

沙漠袋貂散布在四个干旱的地方，即北领地近阿玛迪斯湖、南澳州的艾尔半岛及西澳州大维多利亚沙漠的西南部。

|拓展思考|

海貂有哪些行为特征？

野 猪

Ye Zhu

野猪是猪属动物，又叫做山猪。野猪的分布泛围在世界上是非常广泛的，但是现在人类的猎杀与生存环境的急剧减缩，使它的数量也在迅速下降，已经被许多国家列为了濒危的物种。它是杂食性的动物，基本上只要是可以吃的就都食用。

我们现在家里所养的猪都是由野猪发展驯化而来的，家猪已经成为了人类肉品食物的主要来源。它们的相貌是截然不同的，野猪的体重没有家猪的重，成长速度也没有家猪快。

※ 野猪

野猪的体躯非常健壮，头部也是很大的，四肢粗短，腿部也比较小，耳朵比较小并且是直立的，吻部突出似圆锥体，其顶端为裸露的软骨垫（也就是拱鼻）；皮肤灰色，且被粗糙的暗褐色或者黑色鬃毛所覆盖，在激动时竖立在脖子上形成一绺鬃毛，这些鬃毛可能发展成17厘米长。尾巴又细又短；犬齿发达，雄性上犬齿外露，并向上翻转，呈獠牙状，可以用来作为武器或挖掘工具。野猪耳披有刚硬而稀疏针毛，背脊鬃毛较长而硬；整个体色棕褐或灰黑色，会因不同的地区而有所不同。

通常情况下，雄性野猪要比雌性野猪大。小猪崽一般带有条状的花纹，毛比较粗但是非常稀少，鬃毛几乎从颈部直至臀部，耳朵尖而小，嘴尖而长，头和腹部较小，脚高而细，蹄黑色。背直不凹，尾比家猪短，雄性野猪具有尖锐发达的牙齿。纯种野猪和特种野猪也有很大的差别。

虽然野猪非常常见，也非常变通，但有时候它所做的一些是人们所想不到的。它们一般都是在早晨和黄昏时分出来活动进行觅食，白天通

常不出来走动，在夜间是不是活
动还不是很清楚。在中午时进入
密林中躲避阳光，大多都是集群
活动，最常见的是 4～10 头为一
群，野猪也非常喜欢在泥水中洗
浴。雄兽还会花好多时间在树
桩、岩石和坚硬的河岸上，摩擦
它的身体两侧，这样就把皮肤磨
成了坚硬的保护层，可以避免在
发情期的搏斗中受到重伤。野猪
身上的鬃毛有保护作用。夏天，

※ 纯种野猪

为了降温，它们会把一部分鬃毛脱掉。活动范围一般在 8～12 平方千米
范围内，大多数时间在所熟悉的地段活动。会在自己的领地中央固定地
点排泄，粪便的高度可达 1.1 米。每群的领地大约 10 平方千米，在与
其他群体发生冲突时，公猪负责保护群体。公猪打斗时，互相从 20～
30 米远的距离开始突袭，胜利者就用打磨牙齿来庆祝，并以排尿来划
分领地。失败者就会翘起尾巴逃走。也有的造成头骨骨折或被杀死。它
们之间的交流，主要是通过哼哼的叫声来进行，在它们的栖息地每平方
千米就有几十种物种。

　　野猪的分布范围十分广泛，涵盖了欧亚大陆，包括东亚、东南亚
(中南半岛、大巽他群岛、小巽他群岛)、日本列岛、西伯利亚南部、中
亚、南亚、中东、非洲北部及地中海沿岸、欧洲的斯堪的纳维亚南部、
中东欧、西欧、伊比利亚和不列颠群岛，并传入新几内亚岛、所罗门群
岛、新西兰和北美洲。世界各地除澳大利亚、南美洲和南极洲外均有
分布。

　　在我国，野猪主要分布在东北三省、云贵地区、福建、广东地区。
我国 20 世纪 80 年代开始引进人工养殖野猪的技术，目前主要分布在福
建、广东、江西等省份，其中全国最大的天然养殖基地位于福建省招宝
生态农庄，主要采用的是山里放养法，这种方法现在已经推广到全国多
个省份。

　　野猪一般在 6～7 个月，体重在达到 60～70 千克时进行繁殖交配。一
般年可产 2～2.5 胎，每胎 8～16 头，由于野猪智商和灵敏度要比家猪高，
所以采用的是自然交配法。第一次配上后间隔 6～8 个小时再重复配一次，
以提高受胎率。配种前，应将母野猪栏舍内的杂物搬出，防止撞伤猪腿或
发生意外事故。

第二章　森林中的哺乳类动物
SENLINZHONGDEBURULEIDONGWU

生活在森林草原中的动物

▶ 知 识 窗

·野猪林·

　　野猪林，位于莘县观城镇郭海村北，相传是《水浒传》中好汉林冲由汴京发配至沧州途中化险为夷，绝处逢生之处。北宋时期，野猪林经常有野兽出没，很多人在此丧生。《水浒传》第八回中写道：枯蔓层层如再脚，乔枝郁郁似云头，不知天日何年照，唯有冤魂不断愁。据《观城县志》载，野猪林村东是徒骇河，村西是马颊河。这两条河都是传说中大禹治水时疏通治理的较大河流，村北有三沟（于沟、王沟、马沟），村南有三庙（红庙、朱庙、双庙），地形较为复杂。

| 拓展思考 |

　　野猪对人有危害性吗？

貘

Mo

现存最原始的奇蹄目就是貘科，它们保持着前肢 4 趾后肢 3 趾等原始特征。貘是奇蹄目哺乳动物，它的近亲就是马和犀牛。主要分布在美洲。如今现存的只有四种，拜尔德貘、山貘、和巴西貘、马来貘。南美洲现存体形最大的陆生哺乳动物就是貘。貘现在已成为濒危绝种的动物。

※ 貘

美洲的三种貘的体色都比较单一，体型都要比马来貘小。而中美貘的体型则较大，是拉丁美洲现存体型最大的陆生动物。南美貘是现存貘中分布最广，数量最多的一种，其外形接近于中美貘而略小。山貘体型小，毛长而略卷曲，比较适应山区的寒冷环境。亚洲和美洲的貘虽然成貘体色有较大区别，幼貘却比较相似，身上均有花斑，躯体粗壮笨重，体长近 2 米，体重 200 千克以上；皮肤厚韧，毛被稀少；鼻端向前突生，能自由伸缩；耳中等大小，卵圆形；尾极短。

貘不会伤害人，没有自卫能力，遇敌就逃或跑到水中。它们天性胆怯，但嗅觉和听觉却十分发达。一般情况下都是独居的，喜欢在热带山地丛林，沼泽地带之中栖息。夜间行动时会发出特殊的尖哨声或喷鼻声。主要吃的是水生植物，各种嫩枝、嫩叶和果实等。

现在所存在的四种貘都是比较原始的奇蹄类，曾遍及于欧洲和亚洲，中新世纪开始迁入美洲。我国的南方在更新统地层中发现过貘属的化石，现在残存于亚洲南部的一些岛屿、中南半岛以及美洲。

貘的体型与猪比较相似，但要比猪大，有可以伸缩的短鼻，而且也善于游泳和潜水。是食草性动物，在距今 100 万年到 1 万年之间广泛生存于温暖潮湿的环境，在我国主要分布于华南地区。随着环境的变迁，巨貘在

1万年前灭绝。目前，除了东南亚幸存的"近亲"——马来貘外，貘的其他物种已经全部灭绝。

在历史上，贵州境内曾有大量的貘生存，但贵州省博物馆仅馆藏少量的貘化石。

貘具有较高的科学研究价值和观赏价值。现已被列入《濒危物种国际贸易公约》的保护与禁运动物名单。

※ 马来貘

▶知 识 窗

·梦貘·

梦貘：上古时代的神兽，特指一种奇幻生物。传说中，它们以梦为食，吞噬梦境，也可以使被吞噬的梦境重现。

在传说中，梦貘会在每一个天空被洒满朦胧月色的夜晚，从幽深的森林里启程，来到人们居住的地方，吸食人们的噩梦，梦貘会发出轻声鸣叫，让人类在这种声音的相伴下甜睡，之后将人们的噩梦慢慢地、一个接着一个地吸入囊中。梦貘在吃完人们的噩梦之后便又悄悄地返回到丛林中，继续它神秘的生活。

| 拓展思考 |

"貘良"说的是什么？

生活在森林草原中的动物

狒狒

Fei Fei

灵长类中仅次于猩猩的大型猴类就是狒狒，狒狒属，同样是属于猴科的一属，这个物种是世界上体型仅次于山魈的猴，共分为五种，都分布在非洲地区。按照以前的分类法把狮尾狒也归到狒狒属，但现在，已经单独把它们列为一个属了。这个物种的雄性很凶猛，敢于和狮子对抗。狒狒属于杂食类，它们有时也会捕食一些小型哺乳动物。

狒狒的体长在 50.8～114.2 厘米，尾长在 38.2～71.1 厘米，体重在 14～41 千克；头部粗长，吻部突出，耳朵比较小，眉弓突出，眼深陷，犬齿长而尖，具颊囊；体型粗壮，4 肢等长，短而粗，是比较适合在地面活动的；臀部有色彩鲜艳的胼胝；毛黄、黄褐、绿褐或褐色，通常尾部毛色很深；它们的毛很粗糙，颜面部和耳朵上都长有短毛，它们其

※ 狒狒

中的雄性，颜面周围、颈、肩部有长毛，雌性则相对要短。

狒狒都喜欢栖息在热带雨林、稀树草原、半荒漠草原和高原山地，特别喜欢生活在较开阔多岩石的低山丘陵、平原或峡谷峭壁中。主要在地面活动，有时也爬到树上睡觉或寻找食物。善于游泳。能发出很大的叫声。狒狒在白天出来活动，到了晚上就栖息于树上或岩洞中。它们的食物也是很多样化的，包括蛴螬、昆虫、蝎子、鸟蛋、小型脊椎动物和植物。一般在中午饮水。它们通常集体结群生活，通常每群十几只到百只，极个别的也会集成 200～300 只的超大群。

通常是由一个资格老而强壮的雄狒来统领狒狒群，在内部还有专门放哨的狒狒，是来负责警告敌情的来临。撤退时，首先是雌性和幼体，雄性狒狒就在后面掩护，发出威吓的吼叫声，甚至反击，由于力大而凶猛，这样会给敌人造成威胁。但通过以往的观察研究资料还发现一个现象，当雄

狒狒面对危险时，不是以同样威吓的方式回报对方，就是逃之夭夭，但雌狒狒面临危险时，会向伙伴们发出求救信号。它们每天的觅食活动范围可达到8～30千米，豹是它们最重要的天敌。狒狒没有一个固定的繁殖期，通常5～6月是高峰，孕期6～7个月，每胎产1仔。野生狒狒的寿命大概是20年。

※ 狒狒展示才艺

狒狒现在已经属于面临灭绝危险的稀有保护动物。科学研究表明，由那些爱聚堆交流的雌狒狒生育和培养的孩子，它们的生存率是特别高的。狒狒的善于交际对自己的家族或遗传基因的兴旺具体能起什么作用，到现在依然是个谜。不过也有相关的研究数据证明，狒狒之间的沟通交流，非常有利于它们相互间梳理皮毛和有效降低心率跳动次数，也就是平静心绪，并且可以促使脑内物质的内啡肽（和镇痛有关的内源性吗啡样物质之一）分泌加速，这样就可以消除紧张的心绪。

自然界中的狒狒通常都好斗，由于它们可以团结一致对外，所以是自然界中唯一敢和狮子对抗的动物，通常3～5只狒狒就能够和一只狮子博斗，作风很果敢、顽强。所以，我们在动物园中可以看到一些说明文字，把狒狒称为是"勇敢的小战士"。

而在古埃及人和法老们看来，可以说狒狒就是太阳神之子，原因是它们每天早晨都是第一时间全体迎接太阳的升起，非常虔诚！

▶ 知识窗

· 火狒狒 ·

火狒狒，又译达摩狒狒（日文名ヒヒダルマ）是口袋妖怪第五世代登场的怪兽之一。属性为火属性。在专有特性——"不倒翁"特性（梦世界特性）发动之后，会变为火＋超能属性。普通形态的火狒狒为火系第一物种。

拓展思考

火狒狒的种族值有哪些？

森

林中珍稀的兽类动物

第三章

SENLINZHONGZHENXIDESHOULEIDONGWU

　　兽类是体表被毛、运动快速、胎生哺乳的恒温脊椎动物，是脊椎动物类群中结构、功能和行为最复杂的一群高等动物。兽类的身体大小和外部形态是脊椎动物中变化最大的一个类群。典型的兽类有头、耳、颈、四肢、躯体和尾。但因生活环境的差异，外形和大小有很大的变化。

蜂猴

Feng Hou

蜂猴是一种体形比较小的动物，总共有 9 个亚种，我国分布有 2 种。是懒猴属的一种，又名懒猴、风猴。其数量已非常稀少，濒临灭绝，是国家一级保护动物。它们在树的顶部栖息。经常在夜间出来活动。主要采食鸟、昆虫和野果等食物。

※ 蜂猴

蜂猴的头比较圆，吻较短，一双大眼朝向前方，但两眼之间的距离很窄，耳朵也很大，共 36 颗牙齿。眼、耳之间、面颊、颈侧至肩背呈暗灰白色。它们的前后肢粗短、等长，大拇脚趾与其他四趾相对，形成镊子的形状，可以拿握东西，没有尾巴。体毛短密，颜色变异很大，背部呈棕、棕红或灰色，背部中央有 1 条褐色纵纹，至尾基部逐渐变窄，色泽变浅，至头顶分成两岔延到耳端及眼周围，腹面呈棕色。

蜂猴的行动比较迟缓，走一步似乎就要停两步，而且也只能爬行，不会跳跃，因而又称懒猴。在热带或亚热带的密林中栖息，它们几乎都是在树上生活，很少到地上活动，喜欢独自活动。因为它们怕光怕热，所以白天就蜷伏在树洞等隐蔽的地方睡觉，到了晚上出来觅食。它们主要吃野果、昆虫，还比较喜欢在夜间捕食熟睡的小鸟，喜欢吃鸟蛋。一年四季都可以进行交配，怀孕期 5～6 个月，大部分都是在冬季产仔，每胎 1 仔。它们也没有一定的发情期，多在夜间分娩。

它们的动作虽然有点缓慢，

※ 蜂猴

但也有保护自己的妙招。由于蜂猴一天到晚很少活动，所以它们身上散发出来的水汽和碳酸气会被一些地衣或藻类植物连续不断地吸收掉，进而会在蜂猴身上繁殖、生长，把它严密地包裹起来，使它有了和生活环境色彩一致的保护衣，这样敌害就很难发现它们。

蜂猴是典型的东南亚热带动物，栖息于热带雨林、季雨林和南亚热带季风常绿阔叶林之中。

在云南，分布在云南中部的景东无量山和新平哀牢山的低海拔地区。海拔高度一般在 1000 米以下。多在原始林中比较高大的树干中上层活动，偶尔也会活动于人工蕉林。

蜂猴的繁殖交配期一般都是在每年的 6～8 月，母蜂猴在 10 个月时就达到性成熟期，每年可以和公蜂猴交配两次。孕期为 166～169 天，每胎 1～2 仔，断奶期为 6～7 个月。产仔通常是在冬末春初，大多是在 3 月份以前。年产 1 胎，每胎 1 仔。哺乳期大约需要 7 个月。幼仔出生 8 个月后就可以进行单独活动。一般真正脱离母体开始独立生活要到 1 岁左右。从出生到性成熟约需 2 年。根据动物园的饲养有关记录，蜂猴可以活 12 年。

▶ 知 识 窗

· 间蜂猴 ·

间蜂猴的栖息生境与倭蜂猴相似，均生活在炎热的印度支那热带低海拔地区的原始阔叶林中，在茂密的竹林或野芭蕉林中亦有所发现。夜行性，树栖，单独活动，主要食物为热带软性甜水果如野芭蕉，榕树果等，亦偶食昆虫、鸟卵等动物性食物。

拓展思考

蜂猴与间蜂猴有哪些相似的地方？

生活在森林草原中的动物

大熊猫

Da Xiong Mao

※ 大熊猫

我国的国宝——大熊猫，这是众所周知的。大熊猫是我国特有的种，是属于食肉目的一种哺乳动物。也是世界上最珍贵的动物之一，数量已十分稀少，是国家一级保护动物。它是一种有着独特黑白相间毛色的活泼可爱的动物，深受全球大众的喜爱。

大熊猫的体形看起来与熊还有些相似，体形都是那种比较肥硕的，但大熊猫的身体胖软，头圆大而颈粗短，耳朵小尾巴短，四肢粗壮，头部和身体毛色黑白相间分明。前掌除了5个带爪的趾外，还有一个第六趾。躯干和尾呈白色，两耳、眼周、四肢和肩胛部全都是黑色的，腹部淡棕色或灰黑色。我们平时所说的熊猫眼，就是人们在没有休息好的时候，所出现的黑眼圈，所以人们对大熊猫的那双八字形黑眼圈非常敏感，看着就像戴了一副眼镜一样，招人喜爱。

而生活在陕西秦岭的大熊猫则因头部更圆而更像猫，被誉为国宝中的"美人"。

大熊猫通常都独自生活，且能够日夜兼行。主要在有迎风面的长江上游各山系的高山深谷中栖息，那里的气候比较温凉潮湿，所以说它们是一种湿性动物。它们主要在坳沟、山腹洼地、河谷阶地等的区域里活动，这些地方的环境非常好，且食物和水源资源都非常丰厚。它们偶

※ 大熊猫

尔也会吃一些其他的植物,甚至是一些动物的尸体,食量很大。大熊猫是不冬眠的。

因为大熊猫是我国特有的种,在我国的分布主要生活在中国西南青藏高原东部边缘的温带森林中,这里主要的植物就是竹子,其余的全都分布于四川。在四川主要分布的县有平武、青川和北川三县。

大熊猫的择偶是要有一定标准的,不是随便交配。而且雌性大熊猫每年只发一次情。通常它们交配的季节是在3~5月份,时间为2~4天。怀孕期大约在130天左右。一般在当年的9月初产仔,每胎最多1个小仔,有时候也会产2个小仔。在大熊猫幼仔出生几天到一个月之后,母熊猫就会单独把幼仔留在洞中或树洞里,自己出去寻找食物。有时候它们会离开2天或者更长时间,但它并没有把幼仔给忘记,这也是在养育幼仔过程中很自然的一部分。幼仔在12个月左右就开始吃竹子了,但是在此之前,它们完全依赖于母亲。野外大熊猫的幼仔非常脆弱,有时候甚至会有生命危险。

※ 陕西秦岭的大熊猫

▶ 知 识 窗

· 国宝大熊猫为什么叫熊猫？ ·

大熊猫实际叫"猫熊"，意即"像猫一样的熊"，也就是"本质类似于熊，而外貌相似于猫。"严格地说，"熊猫"是错误的名词。这一"错案"是这么造成的：民国时期，四川重庆北碚博物馆曾经展出猫熊标本，说明牌上自左往右横写着"猫熊"两字。可是，当时报刊的横标题习惯于自右向左认读，于是记者们便在报道中把"猫熊"误写为"熊猫"。"熊猫"一词经媒体广为传播，说惯了，也就很难纠正。于是，人们只得将错就错，称"猫熊"为"熊猫"。其实，科学家定名大熊猫为"猫熊"，是因为它的祖先与熊的祖先相近，都属于食肉目。

|拓展思考|

大熊猫在我国的外交史上起着什么重要的作用？

生活在森林草原中的动物

华南虎

Hua Nan Hu

华南虎也是我国特有的亚种，又叫做厦门虎、中国虎或南中国虎。在亚种老虎的体型中是一种比较小的华南虎，生活在我国的南部。但是，目前几乎在野外灭绝，已成为国家一级保护动物。

※ 华南虎

华南虎最显著的特点就是头圆、耳短、四肢粗大有力、尾长，这些是华南虎的显著特点，胸部和腹部掺杂有较多的乳白色，全身橙黄色并布满黑色横纹。是亚种老虎中体型最小的一种。雄虎从头至尾身长约 2.5 米，重约 150 千克。雌虎从头至尾身长约 2.3 米，体重约 110 千克。尾长 80～100 厘米。华南虎毛皮上的条纹既短又窄，条纹之间的距离与孟加拉虎、西伯利亚虎相比，显得比较大，在体侧还经常出现菱形纹。

森林山地是华南虎最主要的栖息地。它们一般都不成群生活，大多都是单独生活，且大多都在夜间活动，嗅觉发达，行动迅速敏捷，善于游泳，但不能爬树。以草食性动物野猪、鹿、狍等为食。雄性的华南虎就比较喜欢攻击较大形的猎物，如黑熊及马来熊等。通常来讲，森林面积在 70 平方千米，一只老虎才能够生存，但是还必须得生存有 100 多只野猪、200 多只梅花鹿和将近 300 只的羚羊才行。

※ 华南虎

华南虎主要分布于中国的华东、华中、华南、西南的广阔地区，以及陕西、陇东、豫西和晋南的个别地区（湖南、江西、贵州、福建、广东、广西、浙江、湖北、四川、河南、陕西、山西、甘肃等地。

华南虎的怀孕期一般都在 3 个月左右，平均一次可以产两三头幼仔。一般情况下，体质比较弱的华南虎每次仅仅产 1～3 只，体质健壮的一些华南虎的每胎也会有 2～4 只幼仔。幼虎在不到 2 年的时间里就可以学习捕食，到三四岁就具有了繁殖能力。

▶知 识 窗

·牛汉《华南虎》的主题思想·

诗人通过华南虎赞美一种不屈斗争的精神，鞭挞了周围看客的可怜、可笑的麻木不仁，也间接解剖了自己困厄中的思想境界。在那个文化专制的时代，广大知识分子为争取生存和公民的自由权利而进行了不屈的抗争，他们的形象和性格与华南虎相似。在华南虎的遭遇中不难看出作者痛苦的生活经历，它是作者悲愤心灵的写照。

┃拓展思考┃

华南虎与东北虎有哪些区别？

生活在森林草原中的动物

东北虎
Dong Bei Hu

东北虎是现存体重最大的猫科亚种，又叫做西伯利亚虎、东北虎、满洲虎、阿穆尔虎、乌苏里虎、朝鲜虎。东北虎起源于亚洲东部，且有"丛林之王"的美誉，是我国的一级保护动物，现在数量已经大量地减少，已陷入了濒危状态。

※ 东北虎

华南虎肩高1米多，平均体长为3米左右，尾长约1米，平均体重300余千克。其身体非常雄健，行动异常迅速敏捷。它的体色在夏天是棕黄色，到了冬天就变为淡黄色，毛厚，不怕寒冷。额头上的那条花纹极似"王"字，故有"万兽之王"之美称。背部和体侧有多条横列黑色的窄条纹，通常是2条靠近且呈柳叶状。耳朵比较短但很圆。虎爪和犬齿非常锋利，主要是用来撕碎猎物的，也是它们赖以生存所必备的武器。

东北虎没有固定的住所，同时也是一种独居动物，一般住在比较高的高山针叶林地带或草丛中，它们白天在树林里睡觉，经常在夜晚出来活动。感官灵敏，天性凶悍，动作敏捷，善于游泳。一般都捕猎一些大中型的哺乳动物，但偶尔也会捕获一些小型的和鸟为食。东北虎通常采取打埋伏的方法来对猎物进行捕捉，就是先悄悄地潜伏于灌木丛中，一旦看见有目标在接近，便"嗖"地窜出，把猎物直扑倒在地，或者用它们所特有的尖爪抓住对方的颈部和吻

※ 东北虎

部，使劲把对方的头扭断，一直到猎物没有了气息，然后再慢慢地享受美餐。

历史上，东北虎曾经广泛分布于东北林区。19 世纪中叶，东北虎仍然有很大的分布范围。然而到了 19 世纪末 20 世纪初，东北虎的分布范围开始逐渐退缩。等到了 20 世纪 90 年代后，东北虎仅分布于俄罗斯远东地区、中国东北东部山区和朝鲜北部山区。

大部分的时间里，东北虎都是在外游荡的，只有到了每年冬末春初的发情期，雄虎才开始进行筑巢，与雌虎进行交配。然而没过多久，雄虎多半都会独自离开，把产仔、哺乳、养育的任务全部都交给雌虎。雌虎怀孕期大约是 90 天，多在春夏之交或夏季产仔，每胎可产 2～4 只。雌虎在经过生育之后，性情会变得非常凶猛、机警。每次出去寻找食物进，总是很小心地先把虎仔藏好，以防被人发现。返回时是沿着山岩溜回来，而不是顺着原来的路，这样可以不留下一点痕迹。虎仔在稍稍大一点后，母虎外出时就会将它们带在身边，传授给它们捕猎的方法。虎仔在一到两年后就可以独立地进行活动。东北虎一般可以活 28 年左右。

| 拓展思考 |

东北虎为什么是东北人的帮手？

黔金丝猴

Qian Jin Si Hou

※ 黔金丝猴

被称为"世界独生子"的黔金丝猴属于灵长目、猴科、仰鼻猴属，又名灰仰鼻猴、白肩猴、牛尾猴、白肩仰鼻猴，是一种比较大的猴子，一般体重都在 15 千克左右，仅分布在贵州的梵净山。现在数量已非常稀少，十分珍贵，已列为中国的一级保护动物，同时也是世界上濒危的物种之一。

黔金丝猴要比川金丝猴的体型稍微小一些，在 64～69 厘米左右，但是它的尾巴似乎要显得更长点，大约在 85～90 厘米。黔金丝猴的身体呈灰色，它的吻鼻部稍微有些向下凹。脸部是灰白或浅蓝色，鼻眉脊呈浅蓝色。前额的毛基多为金黄色，到后部就变为灰白了。两肩之间有一明显的白色块斑。颈下、腋部及上肢内侧呈金黄色，股部为灰黄。体背灰褐，从肩部沿四肢外侧至手背和脚背渐变为黑色。幼体的颜色要淡一些，全身是银灰色，头顶呈灰色，但四肢的内侧为乳灰色。它的鼻子非常奇特，一般猴子鼻孔向下而它仰天朝上。

黔金丝猴是比较喜欢结群活动的，每一群有几只到几十只不等，一个群的大小随着四季的变化会有所不同。它们一般都是在树上活动，主要是以多种植物的叶、芽枝、果实及树皮为食。一般情况下，它们都是走到哪里就吃到哪里，活动范围也就显得比较大，一般每天更换一次活动地点，很有规律地来回进行迁徙。在它们进行活动时，分布的面积则非常广泛，约有 0.015～0.02 平方千米，两只猴子间最远的距离在 200～300 米。最多在一棵树上也以看到 30 只左右的猴子。它们在树上可以坐着、走动、攀爬、跳跃等，正常的活动下，它们的叫声是很甜美动听，可以让人感到很舒服，看着它们是那么的自由自在。黔金丝猴天生机警灵敏，对于一些比较特别的响声非常敏感，一听到有响动，就会立刻逃跑。它们最潇洒的动作就是用单臂抓住树枝，以悠荡的方式前行。主要栖息在常绿阔叶林、阔叶混交林等地方，活动的海拔高度要比川金丝猴低得多。

※ 川金丝猴

黔金丝猴只在我国的贵州省境内武陵山的梵净山内有分布。现在的具体分布地点主要在江口县的月亮坝、柏枝坪；松桃县的泡木坝、田家坝、白云寺、牛凤包；印江县的亚盘岭、淘金河上游和护国寺。

雌猴的发情季节一般在夏秋及初冬。

在 1991～1993 年考察时发现，生活在贵州梵净山的黔金丝猴，有 3 个猴群，总数大约是 550～600 只，数量增长比较缓慢。据 1987 年估计，黔金丝猴的总数不会超过 500～670 只。1995 年对黔金丝猴进行了系统全面的考察，确认黔金丝猴现存仅约 750 只，有 20 多个家族，活动面积在 400 平方千米左右。

| 拓展思考 |

黔金丝猴中的"黔"代表什么？

生活在森林草原中的动物

滇金丝猴

Dian Jin Si Hou

※ 滇金丝猴

滇金丝猴是世界上栖息海拔高度最高的灵长类动物，被人们发现的很晚。虽然名为"金丝猴"，但事实上却没有金黄色的毛。又可称其为黑金丝猴、黑仰鼻猴、雪猴，属于猴科。是国家一级保护动物，也是世界级珍奇，是我国特有的珍稀濒危动物。

滇金丝猴和川金丝猴相比，要比它略微大些。其体毛棕黑发亮，皮毛主要是以黑、白色为主。头顶有尖形黑色冠毛，其喉、胸、臀部的白毛与头、背、四肢外侧的黑毛形成鲜明的对比，雌性个体要比雄性小。它们的头顶长有尖形黑色冠毛，眼周和吻鼻部青灰色或肉粉色，鼻端上翘呈深蓝色。身体背面、侧面、四肢外侧，手、足，和尾均为灰黑色。背后具有灰白色的稀疏长毛。在臀部的两侧有长约30～45厘米的臀毛，尾比较粗大，和它的体长差不多。它们的嘴唇红润宽厚，特别是还有一双很漂亮的杏眼，微微上翘的鼻子，看上去非常美丽。

到目前为止，滇金丝猴是

※ 滇金丝猴母子

居住海拔最高的灵长类动物，一般都是在 3500～4500 米高度的高山暗针叶林内活动。成年雄猴大约在 30 千克，雌猴仅有雄猴体重的一半。它们也是结群生活的，但是其猴群不是很大，一般最多为 20～60 左右，猴群通常为多雄多雌的混合群体，另外还有社群等级的行为。它们没有明显季节性的垂直迁移现象。活动范围的大小，主要是由猴群的大小来决定的。它们是典型的家庭生活方式，通常由 1 只雄猴，2～3 只雌猴，数只小猴组成家族群，多个家族群一起活动。家庭成员之间都是互相关心，互相照顾的，经常可以看到它们在一起玩耍、打闹、觅食和休息。它们主要以针叶树的嫩叶和越冬的花苞及叶芽苞为食，有时也食松萝和桦树的嫩枝芽及幼叶，在有的月份也吃箭竹的竹笋和嫩竹叶，还喜欢吃一种叫做"松萝"的地衣类附生植物，为了补充蛋白质，它们还下地去寻找一些昆虫及其幼虫来食。据观察研究，大多数的幼仔是在 7～8 月出生的。因为它们栖息地比川金丝猴的海拔要高，所以产仔要迟 2～3 月。

滇金丝猴的分布范围比较小，仅在中国的云南西北部、西藏西南部有分布。在比较集中的分布区已建立白马雪山、哈巴雪山、盐井等自然保护区。

▶ 知识窗 ▬▬▬▬▬▬▬▬▬▬▬▬▬▬▬▬▬▬▬▬

· 金丝猴 ·

各种金丝猴（川越南滇黔）金丝猴：哺乳纲、灵长目、猴科、仰鼻猴属。外部形态：体长 48～64 厘米，体重 7～16 千克。四肢粗壮，后肢略长于前肢，尾巴也较大，其长度与体长相差无几。头圆、耳短，眼睛为深褐色，嘴唇厚。吻部肥大，嘴角处有瘤状的突起。有凹陷的大蓝色眼圈和突出的天蓝色吻圈。鼻孔上翘。头顶的正中有一片向后越来越长的黑褐色毛冠，两耳长在乳黄色的毛丛里，一圈橘黄色的针毛衬托着棕红色的面颊，胸腹部为淡黄色或白色，臀部的胼胝为蓝灰色。从颈部开始，整个后背和前肢上部都披着金黄色的长毛，细亮如丝。

▬▬▬▬▬ 拓展思考 ▬▬▬▬▬

滇金丝猴与川金丝猴有什么区别？

生活在森林草原中的动物

白头叶猴

Bai Tou Ye Hou

※ 白头叶猴

白头叶猴也是我国特有的种，是一种非常珍贵的猴子。又被称为花叶猴、白叶猴、白头乌猿等，属于猴科。外形与黑叶猴非常相似。白头叶猴距今已有好几百年的历史了，是全球 25 种最濒危的灵长类动物之一，也是被世界公认为最稀少的猴类之一。

白头叶猴的身体非常修长，是很苗条的，但其头部就比较小，它们的尾特别长，甚至超过了身体的长度。雄兽和雌兽相比，体形大小没有特别大的区别。体长在 500～700 毫米，尾长在 600～800 毫米，体重在 8～10 千克左右。它的体毛也是以黑色为主，与黑叶猴唯一的区别是，其头部高耸着一撮直立的白毛，像戴着一顶白色风帽，手、足背面也夹杂有白色，尾的一段为白色。成年白头叶猴的头是白色的，肩也是白色的，看上去就像个老爷爷一样。但它们生下来并不是这样，幼仔全身的毛发都是呈金黄色的，非常漂亮。但一年之后，金黄色的幼仔开始变颜色了，先是身体的中部慢慢变成灰色，灰黄色，灰色，再变成黑色，然后其头部也开始慢慢改变，在一岁半之后，除了身体的大小不同以外，体色和成年的白叶猴基本上是一样的。

白头叶猴那修长的身材，使它们能够在树林中或陡峭的绝壁上跳跃自如，行走如飞，长长的尾巴起到了极好的平衡作用。主要生活在热带、亚热带丛林中，天生性情机警，十分活泼好动，非常擅长跳跃。它们也是喜欢集群生活的，而且也很有规律。它们不仅能在树上飘荡，而且有时也会攀登悬崖。常常聚集成家族小群生活，有自己的活动范围和路线，也有比较固定的栖息地。通常情况下，在峭壁的岩洞和石缝内栖息，而且都是早出晚归。天亮以后就开始在悬崖绝壁或树冠之间进行穿梭跳跃，玩耍嬉戏，就好像在表演杂技一样。然后，才会采食可口的嫩叶、芽、花、果等，还是一边吃，一边玩，从不消停。它们会在中午前后休息，过后再继续玩耍采食。

※ 白头叶猴

白头叶猴是中国特有的种。仅分布在广西的左江和明江之间一个十分狭小的三角形地带内，面积还不到 200 平方千米。

白头叶猴在发情期间，雌性会不停地把尾巴竖得直直的，左右来回进行摇摆着。交配时间主要在秋季，春季产仔。初生的幼仔在雌兽怀中吃奶或睡觉时只能活动头部；7 天后，头顶及尾巴的下半部分转变为乳黄色，一对炯炯有神的眼睛开始东张西望，平时两只手都是紧紧地抓住雌兽，不愿意让其他雌兽抚摸；20 天时开始长出一些冠毛，也能离开雌兽在地面上爬行或跳跃；在 2 个月之后就与黑叶猴的幼仔大不一样了，背部会长出一些较长的黑毛，头顶、颊的周围、腹部、四肢、尾巴的下半截等很多部位开始呈现出白色，开始接近成年白叶猴的毛色。到了 6 个月的时候，已经能够独立生活，自己开始采食了，但睡觉仍然是在雌兽的怀抱里。

▶ 知 识 窗

·白头叶猴的传说·

很久很久以前，这里还很穷困，村民们因为没有足够的食物常常挨饿。有一天，一个老人去世了，人们头上裹着白麻布，腰间扎着白麻布带子，把老人送到山上安葬。葬礼过后，孩子们发现山上有很多野果，他们很高兴地吃啊吃，吃完又玩了起来。家长见孩子们玩得高兴，就把他们留在了山上。很多日子过去了，村子里渐渐富裕了，家长想念自己的孩子，想让这些孩子回来。但是孩子们说："我们不回去了，回去还要同你们争吃的，就让我们留在这里吧。"于是孩子们就留在了山上，渐渐长大，生儿育女。日子长了，孩子们的样子变了，头上的白麻布变成了白毛，腰上的带子变成了白色的长尾巴，以此表示对自己父母的想念。

这就是关于白头叶猴由来的传说。

|拓展思考|

为什么说白头叶猴与老爷爷有相似的地方？

马来熊

Ma Lai Xiong

※ 马来熊

太阳熊是马来熊的别称，属于哺乳纲、食肉目、熊科，是熊类中体型最小的种类。国家一级重点保护动物。

可以看出，马来熊的全身都是呈黑色的，头部比较宽，口鼻突出，裸露无毛，呈浅棕或灰色，两只圆耳朵很小，位于头部两侧较低的位置上，身上的毛很短而且也比较稀，乌黑光滑；马来熊的舌头是非常长的，这样吃起白蚁或其他昆虫来，就方便了不少。马来熊的脚掌是向内撇的，尖利的爪钩就像镰刀的形状，这让它们成了名副其实的爬树专家。两肩有对称的毛旋，胸斑中央也有一个毛旋。

茂密的热带林，是马来熊非常喜欢的居住环境。它们与很多的野生动物一样，善于攀爬，白天经常在自己做的比较粗糙的树上窝中睡觉或是晒太阳，到了晚上就会出来活动。它们一大部分的时间也是在树上度过的。

马来熊是一种从不冬眠的动物，而它们的食物一年到头也都是比较充足的。马来熊也是杂食性动物，而且是有什么吃什么。通常是吃果子、昆虫及其幼虫，有时候也吃鸟和小啮齿动物，蜂蜜和果子是它们最爱吃的食物。

马来熊在国内主要分布在云南绿春以及西藏芒康。

在国外主要分布在东南亚和南亚一带，包括老挝、柬埔寨、

※ 马来熊

越南、泰国、马来西亚、印尼、缅甸和孟加拉国等地。

马来熊在一年之内都可以有熊宝宝出生，所以它们没有固定的交配季节。熊妈妈的孕期大约95天，有的马来熊怀孕则会长达174～240天。每胎产2仔，有时也会产3个仔。刚生下来的幼仔身体十分柔弱，体重只有300克左右，全身也没有毛发，它们在独立生活之前，一直都是和母亲在一块生活。

▶ 知 识 窗

·马来人·

马来人以农为主，居住乡村；而华人、印度人和其他群体则以城市生活为主。马来半岛大部地带为丛林，乡村建于沿河、沿海及公路两旁，人口自50～1,000不等。房屋建筑在木桩之上，屋脊呈人字形，上覆茅草；小康之家的住房则以瓦覆屋脊，厚板铺地。主要粮食作物是水稻，主要经济作物是橡胶。1970年代末，马来半岛的天然橡胶产量占世界总产量的2/5。

马来人的社会组织带有封建制的色彩，贵族平民之间界限分明。村长由平民担任，区长便是贵族，村长受区长管辖。现在贵族已由议会及其他民选机构指派的官员所替代，但阶级区别仍很显著。

婚姻传统上由父母安排。典型的家庭包括夫妻及其子女。婚姻及继承制度均受伊斯兰律法的约束。

| 拓展思考 |

马来熊与台湾熊有什么区别？

生活在森林草原中的动物

草

第四章

原上珍稀的鸟类动物

CAOYUANSHANGZHENXIDENIAOLEIDONGWU

　　生活在草原上的鸟类动物也有很多，但现在随着社会的不断发展，它们的生活环境发生了很大改变，有很多的鸟类已经面临着灭绝的威胁。为了大自然的生态平衡，我们要保护好这些稀有的珍贵鸟类。

生活在森林草原中的动物

丹顶鹤

Dan Ding He

丹顶鹤也叫仙鹤、白鹤，其实白鹤是另一种鹤属鸟类。从古代到现在，丹顶鹤一直都是长寿的象征，现在也是我国的一级保护动物。丹顶鹤是鹤类中的一种，因头顶有"红肉冠"而得名。丹顶鹤是东亚地区所特有的鸟种，由于它们优雅的体态和分明的颜色，所以在当地文化中它们都有吉祥、忠贞、长寿的寓意。

※ 丹顶鹤

丹顶鹤具备鹤类特征就是嘴长、颈长、腿长。成年的丹顶鹤除颈部和飞羽后端为黑色外，全身洁白，头顶皮肤裸露，呈鲜红色。传说剧毒鹤顶红就是从此处得来，但纯属是谣传，鹤血是没有毒的，古人所说的"鹤顶红"其实是砒霜，也就是不纯的三氧化二砷，鹤顶红是古时候对砒霜隐晦的说法。丹顶鹤的尾脂腺被粉（冉羽）。幼鸟的羽毛为棕黄色，喙是黄色。青春期都是丹顶鹤羽色为黯淡，丹顶鹤头顶裸区的红色到 2 岁之后会越发鲜艳。

其他各个地区的丹顶鹤每年都要在繁殖地和越冬地之间进行迁徙，只有日本北海道的丹顶鹤是当地的留鸟。日本的丹顶鹤不进行迁徙活动，最大的可能就是在冬季当地人有组织地投喂食物，是其食物来源充足的原因。沼泽和沼泽化的草甸是丹顶鹤的栖息地，主要是以浅水的鱼虾、软体动物和某些植物根茎为食，随着季节的不同而有所变化。丹顶鹤成鸟为了适应季节的变化，每年都要进行彻底的两次换羽毛，春季换成夏羽，秋季换成冬羽，换羽期间都会暂时失去飞行的能力。它们主要是以非常嘹亮的鸣声来明确领地的信号，而且也用它来在发情期传情达意。丹顶鹤属于单配制，在没有特殊的情况下一生也只有一个伴侣。

丹顶鹤是杂食性动物，春季一般以植物性食物为食，如草子、芦苇的嫩芽及作物种子等；夏季食物就显得比较复杂，动物性食物较多，动物性食物主要有小型鱼类、甲壳类、食蛙类、小型鼠类、螺类、昆虫及其幼虫等。

丹顶鹤的繁殖地在中国的三江平原的松嫩平原、俄罗斯的远东和日本等地，它在中国东南沿海各地及长江下游、朝鲜海湾、日本等地越冬。历史上丹顶鹤的分布区要比现在广泛很多，越冬地就往南移，可到达福建、台湾、海南等地。现代的人们之所以能有如此翔实的资料来研究丹顶鹤古代的分布，是因为它们在各地文化中都有特殊地位，让它们的分布、特性等在各地一直都有着详细的记载。

丹顶鹤每年的繁殖期从3月份开始一直到9月份才结束，其中6月为一个高峰。它们在浅水处或有水湿的地上营巢，巢材多是芦苇等禾本科植物。丹顶鹤每年产2～4枚卵，孵化期为30多天，由雌雄双方共同孵化它们的宝宝。繁殖期求偶伴随舞蹈、鸣叫，营巢于具一定水深的芦苇丛、草丛中。雏鸟也是早成鸟，它们2岁性成熟，它们的寿命差不多相当于一个人的寿命，大约有60年左右。

通常情况下，在4月中旬以后丹顶鹤就开始营巢产卵，筑巢于周围环水的浅滩上的枯草丛中。待幼鸟学会飞行，等到入秋后，丹顶鹤从东北繁殖地迁飞南方越冬。我国在丹顶鹤等鹤类的繁殖区和越冬区建立了扎龙、向海、盐城等一批自然保护区。一般到越冬期最多一年会有600多只丹顶在江苏省盐城自然保护区，成为世界上现知数量最多的越冬栖息地。丹顶鹤在1954年被北京动物园饲养展出，后来成功繁殖。

▶ 知识窗

·盐城丹顶鹤·

盐城丹顶鹤自然保护区（江苏·盐城）"走过那条小河，你可曾听说，有一个女孩她曾经来过……还有一群丹顶鹤轻轻地轻轻飞过。"这是几年前曾经流行过的一首歌曲，描述了一位为救丹顶鹤而牺牲的姑娘的故事。初听这首歌，就想知道这个故事发生在哪里，最后在媒体上看到，它发生在丹顶鹤的"故乡"——盐城。这里有45万公顷的自然保护区，有400种左右的各种鸟类，尤其是每年有占世界近一半的野生丹顶鹤到这里过冬。渴望着有一天，可以"飞"到这个发生过动人故事的地方，看看美丽的丹顶鹤。

拓展思考

丹顶鹤在古代被称为什么？

白枕鹤
Bai Zhen He

白枕鹤又称为白顶鹤、红面鹤，是鹤科鹤属的成员之一，该鸟是非常稀有的笼养观赏鸟类，身高大约在 130 厘米，体重大约为 5.6 千克。它们的脚是粉红色的，颈部条纹灰白两间，前灰后白，面部红色。现在野生白枕鹤只剩下 5000 多只。主要繁殖在黑龙江、吉林等省或更北的广大地区，冬天部分迁徙到江

※ 白枕鹤

苏、安徽、江西等省的湿地越冬。白枕鹤体形要比丹顶鹤稍微小些，但它们的体形比较相似，但是要比白头鹤大，白枕鹤为国家一级保护珍禽。

中国北方和西伯利亚东南部为白枕鹤的繁殖区。这两种在同一地区繁殖的鹤相互之间和睦相处，没有侵犯行为。白枕鹤的分布区比丹顶鹤更进一步向西扩展到蒙古东部的干旱草原地带。另外，白枕鹤的繁殖地还有齐齐哈尔市扎龙地区，据以前调查，有 100 只左右；但近几年随着生态环境的恶化，数量日益锐减，已不足 50 只了。齐齐哈尔市的哈拉海甸子、音河甸子、莽格吐等地也可以看到这种鹤的倩影。

白枕鹤是一种大型的涉禽，身体比较高大。全长约 140 厘米。体羽多为蓝灰色，腹部较深，背部较浅。额及脸部皮肤裸露为赤红色，到繁殖期颜色就特别鲜艳；耳区有一簇黑色羽；头和颈的后部及上背是白色的。前额、头顶前部、顶后部、枕、后颈、颈侧和前颈上部、喉为白色，喉部白色羽毛部分，其宽度向下变窄，呈 "V" 字形。外侧飞羽灰色，内侧飞羽白色；前颈、下体、尾羽灰黑色。

白枕鹤也是一种优美的鹤。前额、头顶前部、眼睑和头侧眼周皮肤裸出、鲜红色，其上生着稀疏的黑色绒毛状羽；耳羽烟灰色；头顶后部、枕、后颈、颈侧和前颈上部、颏和喉白色；颈侧和前颈下部及下体暗石板灰色；上体石板灰色；下背、腰和尾上覆羽暗石板灰色；尾羽暗灰色，末

生活在森林草原中的动物

66

端具宽的黑色横斑；翅初级飞羽黑褐色，具白色羽干纹；次级飞羽亦为褐色，基部白色；三级飞羽淡灰白色，延长成弓状；翅上覆羽灰白色，初级覆羽黑色，末端白色。雌雄相似。虹膜暗褐色，嘴黄绿色，脚红色。

　　白枕鹤主要栖息在开阔平原芦苇沼泽和水草沼泽地带，有时也栖息在开阔的河流及湖泊岸边、邻近的沼泽草地。也会出现在农田和白枕鹤海湾地区，特别是迁徙的季节。但最喜欢的生活环境还是芦苇和水草沼泽，以及湖滨沼泽地带。

　　它们主要采食植物种子、草根、嫩叶、嫩芽、谷粒、鱼、蛙、蜥蜴、蝌蚪、虾、软体动物和昆虫等。取食时主要用喙啄食，或用喙先拨开表层土壤，然后啄食埋藏在下面的种子和根茎，边走边啄食。白天大部分的时间在觅食，非常警觉，通常在啄食几次就抬头观望四周，一有惊扰，就会立刻避开或飞走。

　　多数是以家族群或小群活动，但除了在繁殖期成对活动以外，偶尔也见单独活动的，在迁徙和越冬这段时间则多由数个或 10 多个家庭群组成的大群活动。行动非常机警，如果在很远的地方看见有人的话就会飞，起飞时先在地面快跑几步，然后腾空而起，飞至一定高度时，颈和脚分别向前后伸直，两翅扇动有力，飞行轻快。

　　每年的 10 月份，白枕鹤就会南迁，在长江下游的湿地以及福建、台湾越冬，也有的到日本南部的和泉市附近越冬。我国在白枕鹤越冬地建立了自然保护区，日本则在和泉市附近建有人工饲养部。另外还有一些在朝鲜的汉江和临津江入海口汇合处的盐碱滩，每年在非军事区的南部大家都会看到在这里越冬的白枕鹤群。

　　到了每年的 3 月份时，白枕鹤就会从南方飞回繁殖地，以家庭形式成小群活动在它们即将要营巢的地区，4 月中旬至 5 月上旬，在产卵前三四小时筑起浅盘状简陋的巢，每窝产三枚灰白色带有棕褐色斑点的卵，孵化期间亲鸟表现不活泼，食欲下降，但警觉性高，每隔 1 小时左右翻卵一至两分钟。白枕鹤的孵化期 29～30 天。雏鹤出壳前卵内发出"唧、唧"的叫声。从凿孔到出壳有十四、五个小时，雏鹤 3 小时就能蹒跚行动，8 小时后即能进食。

　　在我国主要繁殖于我国黑龙江齐齐哈尔、乌裕尔河下游、三江平原，吉林省向海、莫莫格，内蒙古东部达里诺尔湖等地；越冬于江西鄱阳湖、江苏洪泽湖等地，偶见于福建和台湾；迁徙期间经过辽宁、河北、河南、山东等省。在国外主要分布于俄罗斯贝加尔湖以东，一直到俄罗斯远东乌苏里地区，在朝鲜和日本越冬。

　　白枕鹤是一雌一雄制，它们的生殖期为 5～7 月。3 月末到达繁殖地时大多都是成对或成家族群活动，雄鸟会不时表现出求偶行为。求偶时雄鸟在雌鸟身边兴奋地来回奔走和跳跃，两翅半张或完全张开，并伴随着"kou－kou－kou"的高声鸣叫。雌鸟若接受雄鸟的求爱，则跟着对鸣和起舞，然后雌鸟展开双翅，身体下蹲，雄鸟即跳到雌鸟背上进行交尾；若雌鸟对雄鸟的求偶表现冷淡或走开，雄鸟就会立即停止求偶表演。在芦苇沼泽或水草沼泽中进行营巢，水深10～30厘米，有时可达80厘米。由雌雄亲鸟共同营巢，以雌鸟为主。巢呈浅盘状，主要由枯芦三棱草、苔草、莎草和芦苇花、叶构成。巢的大小为直径80～120厘米，巢露出水面高度为7～16厘米。领域性极强，雌雄鸟通过在巢域内的鸣叫、巡飞和追逐飞行等方式来表示对巢域的占有和保卫。领域大小为4.5～6.5平方千米，巢间距平均为2683米。最早是在4月上旬开始产卵，会一直持续到5月下旬，年产1窝，每窝产卵2枚。卵呈椭圆形，灰色或淡紫色、密布紫褐色斑点，尤其以钝端较著。卵的大小为90～98毫米×56～63毫米，重150～205克，平均167克。产出第一枚卵后即开始孵卵，由雌雄亲鸟共同承担，以雌鸟为主。孵卵时另一鸟多在巢附近一边觅食一边警戒，孵卵的亲鸟亦十分警觉，常常伸头观望，稍有惊动，便悄悄地从巢上下来，在走到离巢50米以外之后才突然起飞，这让人很难找到巢。通常飞到离巢300米以外的较高处窥视，待入侵者离开后才又飞回巢中孵卵，孵卵期为29～30天。雏鸟成性比较早，孵出的当日就能站立和行走。

▶ 知 识 窗 ∙∙

·白枕鹤群首次京城做客·

　　14只白枕鹤飞抵北京海淀降临苏家坨镇的林间。依照《北京动物志》记载，这是白枕鹤群体百年来首次光临北京城区。

　　目击者介绍，2010年3月19日，苏家坨镇发现14只大鸟在林间嬉戏，行人驻足观看。几十分钟后，鸟群飞走。但一只大鸟几次拍翅，却难以飞起。2小时后，北京市野生动物救助中心工作人员接报赶到，确认大鸟是白枕鹤。经检查，这只鹤得了肠炎，病好后在野外放生。

　　　　　　　| 拓展思考 |

动物园里举办的白枕鹤的"婚礼"是怎么回事？

生活在森林草原中的动物

白 鹤

Bai He

白鹤是湿地保护的重要物种，属于我们国家的一级保护动物，又名仙鹤。是一种大型涉禽，体形要比丹顶鹤小一些，全长约 130 厘米，翼展 210～250 厘米，体重 7～10 千克；头的前半部为红色裸皮，嘴和脚也呈红色；除初级飞羽为黑色之外，全体洁白，站立时其黑色初级飞羽不易看见，仅飞翔时黑色翅端明显。

※ 白鹤

成年以后的白鹤，雌鹤和雄鹤是比较相似的，但雌鹤要略小。白鹤有其他鹤类所不具备的特征，那就是从嘴基、额至头顶以及两颊皮肤裸露，呈砖红色，并生有稀疏的短毛。体羽白色，初级飞羽为黑色，次级飞羽和三级飞羽都是白色。三级飞羽延长，覆盖在尾上，通常在站立时遮住黑色的初级飞羽，所以说外观全体为白色，但飞翔时可以看见黑色的初级飞羽。

在秋季，它们进行南迁时，幼鸟的额和面部无裸露部分，有稠密的锈黄色羽毛；头、颈及上背棕黄色，翅上也有棕黄色但初级飞羽黑色。从秋天到第二年春天，头、颈、体和尾覆羽白色羽毛逐级增加，越冬后的亚成体除颈、肩尚留有黄色羽毛之外，其余部分的羽毛已换成白色，和成年的比较相似。虹膜白色，嘴和脚肉红色。幼鸟虹膜土黄色，嘴和脚暗灰色，2 龄脚变红色，3 龄嘴也变为红色。

白鹤的栖息地是非常特殊的，它们对浅水湿地的依恋性比较强。主要采食水生植物根、茎等，有时候也吃少量的蚌、鱼、螺等。飞行时头颈前伸，两腿后伸，鸣叫声清脆响亮，发音时能引起强烈的共鸣，声音可以传到 3～5 千米以外。

白鹤到秋天和春天时会成群结队地进行迁移，是一种候鸟。这也给白鹤的生命造成了很大的威胁。白鹤在迁徙飞行时主要排成"一"字形或"V"字形。迁移时最主要的能量来源就是体内脂肪。所以它们要在迁徙前必须要吃饱喝足，不过这还是远远不够的。在食物资源丰富的中途站，白鹤短短几天就可以让体重增加一倍，这种觅食效率是非常令人惊讶的。

白鹤在休息期间，不是从始至终都用同一只脚，而是右脚站了一会儿，就换上左脚，用两只脚交替着站，以免造成疲劳，这样可以轮流放松。同时，用一脚站着，可以望得更远，以警惕敌害的突然袭击。如果在睡觉时敌害来临，马上就可以逃跑，要飞走，也比爬起来以后再飞快多了。如果它们站在湖塘中水较深的地方，或是低着头找食物的时候，从来也是不用一只脚站立，必须两脚都着地，这样才可以保持身体的平衡。

近年来，据动物学者统计发现，在我国鄱阳湖自然保护区越冬的白鹤已达 2896 只，而这个数字占到全球白鹤总数的 98％以上，鄱阳湖也因此成为文明世界的白鹤王国。由于鄱阳湖的气候、水土以及其他生态条件得天独厚，所以白鹤群自从来此定居后，简直流连忘返。

在世界范围内，白鹤有 3 个分离的种群，即东部种群、中部种群和西部种群；东部种群在西伯利亚东北部繁殖，在长江中下游越冬；中部种群在西伯利亚的库诺瓦特河下游繁殖，在印度拉贾斯坦邦的克拉迪奥国家公园越冬；西部种群在俄罗斯西北部繁殖，在里海南岸越冬。

白鹤在我国主要分布在从东北到长江中下游，迁徙时可以在河北（滦河口、北戴河），内蒙古（赤峰、达赉湖、兴安盟、哲里木盟），辽宁（双台河口、大连），吉林（莫莫格、向海），黑龙江（扎龙、林甸），安徽（武昌湖、升金湖、莱子湖），山东（黄河三角洲），河南（黄河故道、黑港口）等地方看到，越冬地则主要在江西（鄱阳湖）和湖南（洞庭湖），越冬期间零星个体见于辽宁瓦房店、江苏盐城和东台、浙江余姚、山东青岛沿海以及新疆霍城等。

白鹤也是属于单配制的一种鸟，每年 6～8 月份在内蒙古、黑龙江繁殖，到了冬天就经过长途跋涉到长江中下游过冬。巢建在开阔沼泽的岸边，或周围水深 20～60 厘米有草的土墩上，巢简陋，巢材主要是苦草，巢呈扁平形，中央略凹陷，高出水面 12～15 厘米，巢间距 10～20 千米，有时只有 2～3 千米。产卵期常与冰雪融化期一致，从 5 月下旬到 6 月中旬，每窝产卵 2 枚。雌雄轮流孵卵，孵卵期约为 30 天。幼鹤在 85 天后才有飞翔的能力。在这 85 天里小白鹤是非常危险的。它们的寿命约 50～60 年。

▶知 识 窗

·白鹤滩水电站·

　　白鹤滩水电站位于云南省巧家县大寨镇与四川省凉山彝族自治州宁南县六城交界的白鹤滩，上游与乌东德梯级电站相接，下游尾水与溪洛渡梯级电站相连，是金沙江下游（雅砻江口～宜宾）河段 4 个梯级开发的第二级，距宁南县城 75 公里。工程以发电为主，兼有拦沙、防洪、航运、灌溉等综合效益。工程筹建期 3 年零 6 个月，总工期 12 年，静态投资 424.6 亿，动态投资 567.7 亿。工程完全竣工后将淹没耕地 6006 平方千米，搬迁人口 6.9 万人。

|拓展思考|

鹤有什么象征意义？

金雕

Jin Diao

金雕是墨西哥的国鸟，它是鹰科类的一种乌褐色雕，是北半球上众所周知的一种猛禽。如所有鹰一样，它属于鹰科。金雕以它们特别的外观和敏捷有力的飞行而著名；成鸟的翼展平均超过 2 米，体长则可达到 1 米，其腿爪上全部都有羽毛覆盖。它们一般生活于多山或丘陵地区，它们经常在山谷的峭壁以及山壁凸出处筑巢。

金雕的颈羽是呈金黄色矛尖状，眼暗色，虹膜黄色，嘴灰色，腿生满羽毛，脚是粗大的黄色，爪巨大。在北美洲，金雕分布在沿太平洋岸的墨西哥中部，穿过落基山脉向北直至阿拉斯加和纽芬兰。金雕在美国得到联邦法令保护。有少数可以繁殖的金雕，仍生存在欧洲的挪威、苏格兰、西班牙、阿尔卑斯山、意大利和巴尔干半岛等地区。非洲西北部也可见，但

※ 金雕

高纬度地区和东方更常见，比如西伯利亚、伊朗、巴基斯坦以及中国的南部等地区。

金雕属于漂移鸟类，它们主要栖息于山地森林，秋冬季节也常到林缘、沼泽、低山丘陵、荒坡地带活动觅食，它们主要以野兔、旱獭、雉鸡、雁鸭类等为食，有时它们不仅会攻击小狍和小野猪等小动物，还会吃大型动物的尸体。现在，金雕的种群数量在日趋减少，已经被列为濒危的国家一级重点保护动物。

大型猛禽的金雕，体羽主要是栗褐色。它们的全长约为 76～102 厘米，展翅可达 2.3 米左右，体重约为 2～6.5 千克。金雕的幼鸟，头部及颈部羽毛呈黄棕色；除初级飞羽最外侧的三枚外，所有飞羽的基部均带有白色斑块；尾羽灰白色，先端黑褐。长成后的金雕，翅和尾部羽毛均不带白色；爪为黄色；头顶的羽毛呈金褐色，嘴为基部蓝的黑褐色。金雕的嘴形大而强，后颈赤褐色，肩羽为较淡赤褐色，尾上覆羽尖端暗褐，羽基为暗褐色，尾羽先端 1/4 为黑色，其余为灰褐。飞羽内基部的一半为灰色，而且有不规则的黑横斑。

金雕的腿上被羽毛完全覆盖，脚趾有三个向前一个向后，脚趾上都长着又粗又长的角质利爪，内脚趾和后脚趾上的爪子更为锐利。抓获猎物时，它的爪子能够像利刃一样同时刺进猎物的要害部位，撕裂皮肉，扯破血管，甚至扭断猎物的脖子。巨大的翅膀也可作为它的武器，有时金雕一扇翅膀就可以把猎物扑倒在地。

金雕的性情非常凶猛而且力量也是非常强大，它们的飞行速度极快，常沿着直线或圈状滑翔于高空。金雕的营巢材料主要以垫状植物的根枝堆积而成，内铺以草、毛皮、羽绒等。金雕主要捕食大型鸟类和中小型兽类，在所食的鸟类中有斑头雁、鱼鸥、雪鸡等，兽类有岩羊幼仔、藏原羚、鼠兔、兔、黄鼬、藏狐等，有时也捕食家畜和家禽。金雕是一种珍贵的猛禽，在高寒草原生态系统中占有十分重要的位置。金雕之所以需要特别保护，不仅因为它的数量特别少，更重要的是它的羽毛在国际市场上的价位相当高。

通常情况下，金雕都是单独或成对活动，在冬天有时候也可以看见结成较小的群体出去活动，但有时也能见到一大群聚集在一起捕捉较大型的猎物。白天经常可以在高山岩石峭壁之巅中看见它们的踪影，或者是在空旷地区的高大树上歇息，或在荒山坡、墓地、灌丛等处捕食。它们非常善于翱翔和滑翔，常在高空中一边呈直线或圆圈状盘旋，一边俯视地面寻找猎物，它们对飞行的方向、高度、速度和姿势的调节是用柔软而灵活的两翼和尾的变化来控制的。

生活在森林草原中的动物

金雕一旦发现目标后，就会以300千米的时速从天而降，并能在关键时刻戛然止住扇动的翅膀，然后牢牢地抓住猎物的头部，将利爪戳进猎物的头骨，使其立即丧失性命。经过训练的金雕，可以在草原上长距离地追逐狼，并能趁其不备，一爪抓住其脖颈，一爪抓住其眼睛，使狼丧失反抗的能力，曾经有过一只金雕前后抓住14只狼的记录。相比之下，它的运载能力较差，负重能力还不到1千克。金雕将捕到的较大猎物肢解，先吃掉鲜肉和心、肝、肺等内脏部分，然后将剩下的分批带回栖息地。

金雕是一种留鸟，通常在草原、荒漠、河谷、高山针叶林等地都可以见到金雕的身影。它们的分布遍及欧亚大陆、日本、北美洲和非洲北部等地。我国的金雕大部分分布在东北、华北及中西部山区，安徽、江苏、浙江等地也有少量的分布。金雕全世界共分化为5个亚种，我国有2个亚种，有一些可能是旅鸟或冬候鸟，其中分布于内蒙古东北部、黑龙江、吉林、辽宁等地的属于加拿大亚种，分布于其他地区的都属于中亚亚种。

到现在为止，在世界各地的动物园里，没有成功的人工繁殖过一只金雕，因为它们向往的是自由的爱情，对于人工配对极为抵触，有的性格刚烈的金雕甚至以会撞笼而死来相抗。被人类训练有素的金雕不仅会帮主人狩猎，还会帮主人看护羊圈。在新疆的草原上，我们经常可以看见它们驱赶野狼。在看护养圈的时候，周围是没有牧人的！

金雕的繁殖一般都是比较早的，它们一般会在距地面高约10～20米左右的针叶林、针阔混交林或疏林内高大的红松、落叶松、杨树及柞树等乔木之上筑巢。有时也筑巢于山区悬崖峭壁、凹处石沿、侵蚀裂缝、浅洞等处，巢的上方多有突起的岩石可以遮雨，大多数背风向阳，位置险峻，难以攀登接近。它们的巢由枯树枝堆积成结构庞大的盘状，外径约2米，高约1.5米，巢内铺垫细枝、松针、草茎、毛皮相对较软的物品。有时还要筑一些备用的巢，以防万一，最多的竟有12个之多。它也有利用旧巢的习惯，每年使用前要进行修补，有的巢可以沿用好多年，因此巢也变得越来越大，有的巢已经大到和人类的房子差不多了。

金雕的繁殖期一般都是在2～3月间，每窝产卵1～2枚，呈青白色，带有大小不等的深赤褐色斑纹。同一窝卵的颜色也不同，有完全白色到褐色块斑的变化。金雕的卵是由父母共同孵出的，孵化期为40～45天，一般只有一二只能够存活。雏鸟的羽毛会在3个月大的时候长齐。

如果巢中的食物不足时，先孵出的幼鸟常常会向后孵出来的幼鸟发出攻击，并会啄下幼鸟的羽毛将其吞食，以补充饥饿。如果缺食的时间不是很长，较小的幼鸟也有避让的能力，就不至于出现惨不忍睹的场景。如果亲鸟在达到大幼鸟忍耐极限之前还不能带回食物，就会出现骨肉相残的场面。较大的幼鸟就会把较小的幼鸟啄得浑身是血，甚至啄死吃掉。这种现象多发生在幼鸟20天之后，因为在20天以前，通常有亲鸟在巢中守护。这种同胞骨肉自相残害的现象在大型猛禽的幼鸟中并不罕见，这也是它们依照优胜劣汰、适者生存的自然法则进行的种内自我调节。因为猛禽的食物来源往往有明显的周期性波动，它们的捕食并没有人们想象中的那么容易，当食物短缺时，如果不进行种内调节，将对于整个种的生存和发展十分不利。它们就是通过这种种内调节、强食弱肉、适者生存的原则来更好地繁衍下一代。

▶ 知 识 窗

·苏-47金雕式战斗机·

该机采用前掠机翼，有明显的机翼翼根边条和长长的机身边条，能降低阻力和减少雷达反射信号，改善飞机的起飞着陆性能，在亚音速和大迎角时有很好的气动性能，可增加飞机的航程和高空机动性，并能充分利用复合材料的结构特性。扇形不可调进气口道位于机身边条下方，S形涵道侧面靠近机翼前缘处装有鸭翼。双垂尾略向外倾斜，机身中部有两个大的辅助进气门，并且采用雷达吸波涂料对飞机进行了隐身处理。

| 拓展思考 |

金雕战斗机是怎么发明的？

第四章 草原上珍稀的鸟类动物
CAOYUANSHANGZHENXIDENIAOLEIDONGWU

草原雕

Cao Yuan Ying

※ 草原雕

我们可以在北方的干旱平原见到草原雕，它也是一种大型的猛禽。其中的一些繁殖鸟或夏候鸟可以在新疆西部喀什及天山地区看见，东至青海、内蒙古及河北。迁徙时可以在中国的多数地区看到；越冬于贵州、广东及海南岛。草原雕目前的数量也是越来越稀少，属于国家二级保护动物。

草原雕与金雕、白肩雕相比，体形要稍微小些，也是大型猛禽。由于年龄以及个体之间的差异，体色变化较多，从淡灰褐色、褐色、棕褐色、土褐色到暗褐色都有，尾上覆羽为棕白色，尾羽为黑褐色，具有不明显的淡色横斑和淡色端斑。它在滑翔时也不像金雕那样将两翅上举成"V"字形，而是两翅平伸，略微向上抬起。飞行时两翼平直，滑翔时两翼弯曲。

开阔平原、草地、荒漠和低山丘陵地带的荒原草地是草原雕主要的栖息地，飞翔时比较低，遇见猎获物猛扑下去抓获，有时守候在鼠洞口。主要是以啮齿动物为食。白天活动，或长时间地栖息于电线杆上、孤立的树上和地面上，或翱翔于草原和荒地上空。主要以黄鼠、沙土鼠、鼠兔、旱獭、野兔、沙蜥、草蜥、蛇和鸟类等小型脊椎动物和昆虫为食，有时也吃动物尸体和腐肉，在沙漠地带主要是捕食大沙地鼠，它们猎食的时间和啮齿类活动的规律基本上都是一致的，大多在早上 7～10 时和傍晚。

它们主要在岩壁上营巢，有时候也会在小丘顶的岩石中，或在树上和灌丛中，甚至在旱獭的洞穴中。巢主要以树枝、芦苇和其他类似的材料筑成，内铺以羊羔及其他小牲畜。玉带海雕 3 月开始筑巢，巢置在芦苇堆上、芦苇丛中或乔木上。

在国外，草原雕主要分布于欧洲东部，非洲，亚洲中部，印度，缅甸，越南等地，共分化为5个亚种。在我国，只有东亚亚种，分布于我国大部分地区，但各地都比较罕见，在黑龙江、新疆、青海为夏候鸟，在吉林、辽宁、北京、河北、山西、宁夏、甘肃为旅鸟，浙江、海南、贵州、四川为冬候鸟。迁徙的时间在秋季为10～11月，春季为3～4月。

草原雕一般都是在4～6月进行繁殖。营巢于悬崖上或山顶岩石堆中，也营巢于地面上、土堆上、干草堆或者小山坡上。巢主要由枯枝构成，里面垫有枯草茎、草叶、羊毛和羽毛。巢的形状为浅盘状，每窝产卵1～3枚，通常为2枚，卵为白色，表面没有斑或具有黄褐色斑点。产完第一枚卵后即开始孵卵，由亲鸟轮流孵卵。孵化期大约为45天。雏鸟为晚成性，孵出后由亲鸟共同喂养55～60天后离巢，才可以自己行动觅食。

▶知识窗

·白尾海雕·

白尾海雕又叫白尾雕、芝麻雕、黄嘴雕等，是大型猛禽，体长82～91厘米，体重2800～4600克。体羽多为暗褐色，后颈和胸部的羽毛为披针形，较长，头部、颈部的羽色较淡，为沙褐色或淡黄褐色，嘴、脚黄色。它的尾羽也呈楔形，但均为纯白色，与其他海雕不同，并因此得名。虹膜黄色，嘴和蜡膜为黄色，脚和趾为黄色，爪黑色。

|拓展思考|

"神雕侠侣"中的雕是哪种？

生活在森林草原中的动物

天 鹅

Tian E

天鹅物种为雁形目、雁亚科、鸭科里最大的水禽。绝大多数天鹅归于天鹅属。天鹅属雁形目中的鸭科中的一个属,它们在游禽中,是体形最大的一个种类,被人们称为"天鹅"。同时,人们会用它的名字命名一首歌曲或一场热带风暴。

※ 天鹅

天鹅的体形非常优美,颈长,体坚,脚大是它们的一大特点,在水中滑行时,它们的神态非常庄重,飞翔时长颈前伸,缓缓地扇动双翅。在迁飞时会在高空组成斜线或 V 字形队列前进。无论是在水中或空中行动,天鹅的速度都要比其他水禽的速度快。天鹅以头钻入浅水中觅食水生植物。游泳或站立时,疣鼻天鹅和黑天鹅往往把一只脚放在背后。天鹅雌雄两性是极为相似的。它们能从气管发出不同的声音。有些种类的气管在胸骨内如同鹤类一样。甚至因很少鸣叫而被称为哑天鹅的疣鼻天鹅,也常会发出温柔的或尖锐的声音。

天鹅属有 7~8 种,其中在北半球生活了 5 个种,均为白色,脚黑色,它们包括疣鼻天鹅、喇叭天鹅、大天鹅、比尤伊克氏天鹅、扬科夫斯基氏天鹅。疣鼻天鹅有橙色的喙,喙部有黑色疣状突,颈弯曲,翅向上隆起;喇叭天鹅鸣声高亢远扬,喙黑色;大天鹅的指名亚种叫声粗杂,喙黑色,喙部黄色;比尤伊克氏天鹅体型较小,比较安静;扬科夫斯基氏天鹅可能是比尤伊克氏天鹅的东方类型;小天鹅的指名亚种是啸天鹅,喙黑色,眼周有小黄斑。有些鸟类学家只将疣鼻天鹅放在天鹅属,其他四种归为别类。

以鸣声高亢著称的喇叭天鹅曾一度有濒于灭绝的危险,后来在加拿大和美国西部的国家公园里,数量已得到迅速恢复,但是到了 19 世纪 70 年代中期，它们的数量也不过只有 2000 只左右。它们是最大的天鹅，体长约为 1.7 米，翅展可以达到 3 米，但要比疣鼻天鹅的体重轻。疣鼻天鹅体重可达 23 千克，是最重的而且可以飞的鸟类。南半球有澳大利亚的黑天鹅和南美洲的两种淡红脚类型，黑颈天鹅不驯顺但美观，身体白色，头和颈都为黑色，喙上有明显红色肉垂；全白色的扁嘴天鹅是最小的天鹅。

一般情况下，天鹅都会在我国的北部和西部繁殖，而越冬时会在华中及东南沿海。每年 9 月中旬南迁，常常 6～10 余只组成小群，排成"一"字或"V"字队行，边飞边鸣。越冬迁飞时在高空组成斜线或"人"字形队列前进。由于天鹅身体比较笨重，所以它们起飞时总会在水面或地面向前冲跑一段距离作为助跑。

从天鹅的外形特征来看，它们是属于大型鸟类，最大的身长在 1.5 米，体重约 6 千克左右。大天鹅又叫白天鹅、鹄，是一种大型游禽，体长约 1.5 米，体重可超过 10 千克。全身羽毛白色，嘴多为黑色，上嘴部至鼻孔部为黄色。它们的头颈很长，约占体长的一半，在游泳时脖子经常伸直，两翅贴伏。由于天鹅体态优雅，所以，从古至今它们都是纯真与善良的化身。

白色天鹅是鸟纲，属于鸭科，体型高大大约为 155 厘米。嘴红，嘴基有大片黄色，黄色延至上喙侧缘成尖状，游水时颈较疣鼻天鹅为直，亚成体羽色较疣鼻天鹅更为单调，嘴色亦淡，比小天鹅大许多。虹膜是褐色，嘴是黑而基部为黄，脚是黑色。叫声：飞行时叫声独特，但联络叫声如响亮而忧郁的号角声。分布范围：格陵兰、北欧、亚洲北部，越冬在中欧、中亚及中国。繁殖一般是北方湖泊的苇地，越冬时会结群南迁。数量比小天鹅要少。它们飞行时较安静。

天鹅一直以来都是一种稀有的"终身伴侣制"的鸟，在南方越冬时不论是取食或休息都是成双成对的。每当雌天鹅在产卵时，雄天鹅就会在旁边保卫着。如果遇到敌害，它就会拍打翅膀上前迎敌，勇敢地与对方搏斗。它们不仅在繁殖期彼此互相帮助，平时我们看见地它们也是成双成对，如果其中的一只死亡，另一只也能为之"守节"，终生过着孤单的生活。

在繁殖期时它们会分散，但平时天鹅也喜欢过群居的生活。它们求偶时会以喙相碰或以头相靠，一旦双方都愿意就会结成终生配偶。一般产卵后会由雌天鹅孵卵，平均每窝产卵 6 枚，卵苍白色不具斑纹。雄性天鹅会在自己巢的附近警戒；有些种类雄性也可以替换孵卵。天鹅夫妇终生斯守，对后代也十分负责。为了保卫自己的巢、卵和幼雏，敢于与其他动物殊死搏斗，在击退敌手后，天鹅像大雁那样发出胜利的欢叫声。幼雏的脖子比较短，绒毛却很稠密；幼雏出壳几小时后就能奔跑和游泳，但是天鹅父母都还是会很好地照顾自己的宝宝很长一段时间；有些种类的幼雏可伏在母亲的背上。未成年的小天鹅在两岁之前羽毛是灰色或褐色，而且具有杂纹。一般天鹅会在三、四岁时达到性成熟。自然界中的它们可以活 20 多年，但是人工养殖的则可以活大约 50 年。

▶知识窗

　　新天鹅城堡的建立者是巴伐利亚的一个国王，路德维希二世。这个国王无治世之才，却充满艺术气质。他亲自参与设计这座城堡。里面有大量德国天鹅雕塑。他梦想将城堡建成为一个童话般的世界。由于白色城堡耸立在高高的山上，其四周环山和湖泊，所以一年四季，风光各异。

　　新天鹅城堡是路德维希二世的梦的世界，一个专属美的世界。他一生孤寂，不是面对政治密谋就是人身攻击。在那个革命的年代，他不满于自己徒有名衔的身份，试图改变而又不得其所，因而常与内阁中的长老意见相悖。他与著名作曲家瓦格纳的交往因过度挥霍，以及公私不分而遭内阁人士与人民的强烈反对。瓦格纳最终被迫离开慕尼黑，使路德维希二世愈加厌恶慕尼黑，而倾心于巴伐利亚山区——一个让他感到快乐与自在的世界。

拓展思考

癞蛤蟆想吃天鹅肉的说法是怎么来的？

生活在森林草原中的动物

大雁

Da Yan

一般雁属鸟类都被通称为大雁，大雁属大型候鸟，又名野鹅，天鹅类，是我国的国家二级保护动物。全世界共有 9 种，而我国就有 7 种，包括常见的鸿雁、豆雁、斑头雁、白额雁、和灰雁等，不过它们被人们统称为大雁。大雁是一种热情十足的动物，它们经常给同伴鼓舞，用叫声鼓励飞行的同伴们。

※ 大雁

雁属鸟类的共同特点就是体形较大，嘴的长度和头部的长度几乎相等，上嘴的边缘有强大的齿突，嘴甲强大，占了上嘴端的全部。颈部较粗短，翅膀长而尖，尾羽一般为 16～18 枚。体羽大多为褐色、灰色或白色。

它们的迁徙大多在黄昏或夜晚进行，旅行的途中还要经常选择湖泊等较大的水域进行休息，寻觅鱼、虾和水草等食物，以补充消耗的体力。每一次迁徙都要经过大约 1～2 个月的时间，途中历尽千辛万苦。

在迁徙时大雁总是几十只、数百只汇集在一起，互相紧接着列队而飞，古人称之为"雁阵"。它们的行动很有规律，"雁阵"由有经验的"头雁"带领，加速飞行时，队伍排成"人"字形，一旦减速，队伍又由"人"字形换成"一"字长蛇形，这是为了进行长途迁徙而采取的有效措施。一般飞在前面的"头雁"的翅膀会由于在空中划过而产生一股微弱的上升气流，可以减少后边大雁的空气阻力，排在后面的雁群就会依次利用这股气流的冲进节省体力。但"头雁"因为没有这股微弱的上升气流可资利用，很容易疲劳，所以在长途迁徙的过程中，雁群需要经常地变换队形，更换"头雁"。科学家通过大雁的这种领队的方式而受到启发，得出运动员在长跑比赛时，要紧随在领头队员后面的结论。

生活在森林草原中的动物

　　其实，大雁排成整齐的人字形或一字形还有利于防御敌害，算是一种集群本能的表现。雁群总是由有经验的老雁当"队长"，飞在队伍的前面。在飞行中，带队的大雁体力消耗得很厉害，因而它常与别的大雁交换位置。幼鸟和体弱的鸟，大都插在队伍的中间。停歇在水边找食水草时，总由一只有经验的老雁担任哨兵。因为一旦有成员单飞、掉队就可能会被天敌吃掉。

　　有迁徙习性的大雁让它们注定成为出色的空中旅行家，每当到了秋冬季节，它们就从老家西伯利亚一带，成群结队、浩浩荡荡地飞到我国的南方过冬。第二年春天，它们经过长途旅行，回到西伯利亚产蛋繁殖。大雁的飞行速度很快，每小时能飞 68～90 千米，它们会花上一两个月的时间，飞上几千千米的漫长旅途。在长途旅行中，雁群的队伍组织严密而有纪律，它们常常排成人字形或一字形，它们一边飞着，还不断发出"嘎、嘎"的叫声。它们会以此为信号互相照顾、呼唤、起飞和停歇等。

　　根据有关资料表明，有些雁肉有低脂肪、低胆固醇、高蛋白的特性。我国古书《千金食治》《本草纲目》等十多部药典中均对雁肉有详细记载：性味甘平，归经入肺、肾、肝，祛风寒，壮筋骨，益阳气。当然，我国的野生动物保护法，明令标指野生大雁是禁止捕食的。据了解，目前国内真正能飞又能吃的大雁只有向海大雁。大雁的羽绒保暖性好，一般比较硬的羽毛可用来加工成扇子、工艺品等，而轻软的羽毛可作我们日常的枕、垫、服装、被褥等填充材料。

▶ 知 识 窗

·大雁精神·

　　大雁能够飞越千里，不是因为自己本身有多么强，而是因为它们团结起来，目标一致，群策群力，共同努力，让它们达到了独自所难以实现的迁徙。在一个公司里，员工就像大雁，团队就像雁群。大雁的团队精神，如果能够运用到我们的团队中，将整个团队的能力发挥到极限，我们就能实现我们的目标，甚至超出我们所期望的结果，达到我们所未意料到的良好效果。打造高效能的团队，增强企业员工的团队精神和凝聚力，遍阅全书可见作者对团队精神独到而深刻的见解。

拓展思考

　　描述大雁的诗句有哪些？

白琵鹭

Bai Pi Lu

荷兰的国鸟——白琵鹭，也是一种体大的鸟。它们黑色的嘴长直而上下扁平，前端为黄色，并且扩大形成铲状或匙状看起来就像是一把琵琶，十分有趣。与冬季黑脸琵鹭区别在体型较大，脸部黑色少，白色羽毛延伸过嘴基，嘴色较浅。夏季全身的羽毛均为白色，后枕部具有长的橙黄色发丝状冠羽，颜色为橙黄色，前颈下部具橙黄色颈环，额部和上喉部裸露无羽，颜色为橙黄色。冬季的羽毛和夏羽相似，全身也是白色，但后枕部没有羽冠，前颈部也没有橙黄色的颈环。繁殖期过后，会变得安静无声。

琵琶型的大嘴是琵鹭类鸟类最大的一个特征，与黑脸琵鹭长得有些相

※ 白琵鹭

像，与黑脸琵鹭比较，白琵鹭显得体型稍大一点，而且脸部黑色少，琵琶形的嘴末端黄色，面部裸露的皮肤黄色，由眼先到眼睛有一条幼细的黑纹。繁殖期的白琵鹭有明显的冠羽，冠羽和胸前的羽毛带黄色。

开阔的平原和山地丘陵地区的河流、湖泊、水库岸边及其浅水处是白琵鹭的栖息地；很少出现在河底多石头的水域和植物茂密的湿地。它们经常是成群进行活动的。偶尔也有单只活动。在休息时常在水边呈一字形散开。它们可以长时间站立不动，但一旦受惊后就立即飞往别处。天性机警害怕人，飞翔时两翅鼓动较快，平均每分钟鼓动达 186 次左右。飞翔时常排成稀疏的单行，或呈波浪式的斜列飞行。既能鼓翼飞翔，也能利用热气流进行滑翔，而且常常是鼓翼和滑翔结合进行，在一阵鼓翼飞翔之后接着是滑翔。飞行时两脚伸向后方，头颈向前伸直。

白琵鹭主要分布于欧亚大陆及非洲，夏季繁殖于新疆西北部天山至东北各省，冬季南迁经中部至云南、东南沿海省份、台湾及澎湖列岛，冬季有过千只成群于鄱阳湖（江西）越冬的记录，只有少数分布于非洲。但在欧洲的繁殖地，也只限于荷兰和西班牙。

在中国北方繁殖的主要是夏候鸟，每年在春季从 4 月初至 4 月末从南方越冬地迁到北方繁殖地，到了秋季从 9 月末至 10 月末南迁。迁徙时常结成 40～50 只的小群，排成一纵列或呈波浪式的斜行队列飞行。通常鼓翼飞翔，偶尔也滑翔。大都是在白天迁飞，到了傍晚停落觅食。

我国的南方是留鸟的主要繁殖地，它们是不进行迁徙的。繁殖期为5～7月，在这段期间会发出像小猪"哼哼"一样的叫声，以及兴奋时用长嘴上下敲击所发出的"嗒嗒"声。在营巢时都是成群结队的，由几只到近百只组成。有时也与鹭类、琵鹭类和其他水禽组成混合群体营巢。通常营巢在有厚密芦苇、蒲草等挺水植物和附近有灌丛或树木的水域及其附近地区。营巢于干旱的芦苇丛中或树上和灌丛上，有时也置巢于地上。多在一些海拔比较低的平原地区营巢，但在亚美尼亚也发现有在近 2000 米的高原湖泊营巢。营巢位置和觅食地之间的距离通常不远于 10～20 千米。巢彼此挨得很近，一般 1～2 米，有时甚至彼此紧挨在一起。巢较简陋而庞大。通常用芦苇和芦苇叶构成，有时也用部分枯的树枝，内放草茎和草叶。营巢位置可多年使用。雌雄亲鸟共同参与营巢。每窝产卵通常 3～4枚，偶尔有少至 2 枚和多至 5 到 6 枚的。卵呈椭圆形或长椭圆形，颜色为白色，具有细小的红褐色斑点。通常间隔 2～3 天产一枚卵。产出第一枚卵后即开始孵卵，但直到卵产齐为止，通常都只在晚上孵卵。孵卵由雄鸟和雌鸟共同承担，孵化期为 24～25 天。雏鸟为晚成性，孵出后由亲鸟共同抚育，喂食时雏鸟将嘴伸入亲鸟嘴中取食。45～54 天左右，雏鸟即可飞翔，但此时并不离开亲鸟，而是在亲鸟带领下逐渐开始自己觅食，亲鸟在开始时也喂食，但以后逐渐减少，一直到停止喂食。

▶ 知 识 窗

· 琵鹭 ·

　　琵鹭栖息于开阔平原和山地丘陵地区的河流、湖泊、水库岸边及其浅水处，也栖息于水淹平原、芦苇沼泽湿地、沿海沼泽、海岸红树林、河谷冲积地和河口三角洲等各类生境，很少出现在河底多石头的水域和植物茂密的湿地。常成群活动。偶尔亦见有单只活动的。休息时常在水边成一字形散开。长时间站立不动，受惊后则飞往他处。性机警畏人，飞翔时两翅鼓动较快，平均每分钟鼓动达186次左右。飞翔时常排成稀疏的单行，或成波浪式的斜列飞行。既能鼓翼飞翔，也能利用热气流进行滑翔，而且常常是鼓翼和滑翔结合进行，在一阵鼓翼飞翔之后接着是滑翔。飞行时两脚伸向后方，头颈向前伸直。

大白鹭

Da Bai Lu

大白鹭是人们常见的观赏鸟之一。它有很多种的别称，如风漂公子、白漂鸟、冬庄、大白鹤、白鹤鹭、白洼、雪客等等。大白鹭的颈、脚都很长，两性比较相似，全身都是洁白色，繁殖期间肩背部着生有三列长而直，羽枝呈分散状的蓑羽，一直向后延伸到尾端，有的甚至超过尾部30～40毫米。蓑羽羽干呈象牙白色，基部较强硬，到羽端渐次变小，羽支纤细分散，且较稀疏。下体也为白色，腹部羽毛带有轻微黄色。

白鹭中体型最大的鸟类就是大白鹭，是一种大型涉禽。大白鹭颈、脚甚长，两性相似，体羽全白。繁殖期背部披有蓑羽。嘴绿黑色，跗跖和趾黑色。冬季背无蓑羽，嘴为黄色。全身纯白色，头无羽冠，胸前无蓑羽，繁殖期背部着生蓑羽。虹膜黄色，嘴、眼先和眼周皮肤繁殖期为黑色，非繁殖期为黄色；跗跖及趾、爪黑色。

※ 大白鹭

生活在森林草原中的动物

大白鹭的嘴和眼先黑色，嘴角有一条黑线直达眼后。冬羽和夏羽相似，全身也为白色，但前颈下部和肩背部无长的蓑羽，嘴和眼先为黄色。虹膜黄色，嘴、眼先和眼周皮肤繁殖期为黑色，非繁殖期为黄色，跗跖和趾黑色。嘴长而尖直，翅大而长，脚和趾均细长，胫部分裸露，脚三趾在前一趾在后，中趾的爪上具梳状栉缘。雌雄同色。体形呈纺锤形，体羽疏松，具有丝状蓑羽，胸前有饰羽，头顶有的有冠羽，腿部被羽。

有些大白鹭为夏候鸟，也有一部分为旅鸟和冬候鸟。大白鹭栖息于海滨、湖泊、河流、沼泽、水稻田等水域附近，行动非常机警，看见人就立即飞起。在白昼或晨昏活动，常以水种生物为食，主要有小鱼、虾、软体动物、甲壳动物、水生昆虫为主，也食蛙、蝌蚪等。主要是在水边的浅水处涉水觅食，也常在水域附近草地上慢慢行走，边走边啄食。

我们经常看见的是单只或 10 余只的小群活动，有时在繁殖期间可见到有多达 300 多只的大群，偶尔也可以看见和其他鹭混群。刚飞行时两翅扇动较笨拙，脚悬垂于下，达到一定高度后，飞行就变得极为灵活，两脚亦向后伸直，远远超出于尾后，头缩到背上，颈向下突出成囊状，两翅鼓动缓慢。站立时也把头缩于背肩部，呈驼背状。步行时也是经常缩着脖子，一步一步缓慢地前进。

亚种繁殖在我国东北北部呼伦池、黑龙江流域和新疆西部与中部，迁徙和越冬期间见于甘肃西北部、西部、西南部，陕西和青海及西藏，有时候也可以在东北辽宁、河北、四川和湖北等地见到；普通亚种则繁殖于我国东北东南部吉林、辽宁、河北、福建和云南东南部蒙自；迁徙和越冬期间见于河南、山东、长江中下游江西、东南沿海广东、福建、海南岛和台湾。

在国外主要分布于全球温带地区，指名亚种 E. a. alba 国外分布于欧洲东南部、北非，往东到亚洲北部、中亚、印度，一直到俄罗斯远东滨海边疆区和日本北部。普通亚种繁殖于印度、斯里兰卡、东南亚、澳大利亚、俄罗斯远东和日本本州。新西兰亚种，分布于新西兰南岛。非洲亚种，分布于塞内加尔、苏丹和南非开普省。美洲亚种 E. a. egretta，分布于美国南部到阿根廷巴塔戈尼亚。

大白鹭的繁殖期在每年的 5～7 月，营巢于高大的树上或芦苇丛中，多集群营群巢，有时一棵树上同时有数对到几十对营巢，它们还和苍鹭在一起营巢，由雌雄亲鸟共同进行。巢比较简陋，通常由枯枝和干草构成，有时巢内垫有少许柔软的草叶。巢外径 56～100 厘米，内径 52～54 厘米，高 22～25 厘米，深 15～20 厘米。1 年繁殖 1 窝，每窝产卵 3～6 枚，多则为 4 枚。卵为椭圆形或长椭圆形，天蓝色，重 29 克～31 克。产出第一枚卵后就立刻开始孵卵，由雌雄亲鸟共同承担，孵化期为 25～26 天，雏鸟晚成性，雏鸟孵出后由雌雄亲鸟共同喂养，大约经过 1 个月的巢期生活后，雏鸟就可以离巢，进行飞翔。

▶ 知 识 窗

·宁大白鹭林·

宁波大学校园一景，位于宁大包玉刚三号教学楼旁，林中最初种植的是水杉，因附近路林市场环境变恶劣，成群的白鹭便从路林迁入宁大，栖于水杉林中，而后即得名白鹭林。后因鸟粪使土壤 ph 值发生改变，水杉大量死亡，改种白桦树，目前仍有少量水杉存活。每到傍晚时分，成群白鹭立于枝头，甚是壮观。

宁波大学白鹭林 bbs 得名也与此有关。

生活在森林草原中的动物

草

第五章

原上珍稀的哺乳动物

CAOYUANSHANGZHENXIDEBURUDONGWU

　　动物发展史上最高级的阶段就是哺乳动物，它是与人类关系最密切的一个类群。哺乳类动物是一种恒温、脊椎动物，主要是指用母乳哺育幼儿的动物，是动物世界中形态结构最高等、生理机能最完美的类群。

双峰驼

Shuang Feng Tuo

双峰驼为新疆体型最大的荒漠动物，又名野骆驼。生活在草原、荒漠、戈壁地带，群居动物，在白天行走，也没有固定的住所。嗅觉灵敏，非常耐饥渴、高温、严寒，抗风沙，善于长途奔走。以野草及各种沙漠植物为食。有极强的耐渴能力；在不良气候环境中可以增加或降低自身体温，以适应环境的变化。

※ 双峰驼

野骆驼是世界上唯一生存的真驼属野生种，体长在 3 米，肩高达 1.8 米，重 800～1000 千克。颈长而弯曲，背有双峰，腿细长，两辫足大如盘。毛色为单一的淡灰黄褐色。

野双峰驼的驼峰比家骆驼的要小而且也要尖，躯体比家骆驼的细长，脚比家骆驼小，毛也较短。野双峰驼数量稀少，它们可以单独，也可以成对或结成小群 4～6 只在一起，很少见 12～15 只的大群。

双峰驼比较驯顺、易骑乘，适于载重。在 4 天中可运载 170～270 千克物品每天走约 47 千米的路，它们的最高速度是约每小时 16 千米。以梭梭、胡杨、沙拐枣等各种荒漠植物为食。雄驼多单独活动，繁殖期争雌殴斗激烈，常见的就是一雄多雌成群的活动，可形成 30～40 只的大群。2年 1 胎 1 仔，孕期 13 个月，是世界级珍兽。

它们十分耐饥渴，可以十多天甚至更长时间不喝水，在极度缺水时，能将驼峰内的脂肪分解，产生水和热量。而一次饮水可达 57 升，以便恢复体内的正常含水量。它们吃沙漠和半干旱地区生长的几乎任何植物（包括盐碱植物）。

双峰驼的繁殖期一般在 4～5 月，孕期为 12～14 个月，雌骆驼通常都是产一仔，很少产两仔，4～5 岁性成熟，寿命 35～40 年。

双峰驼有极强的耐渴能力，在不良的气候环境中可以增加或降低自身

生活在森林草原中的动物

体温，体温是可变的以适应环境的变化。在夏季中午，体温升高，把多余的热能暂时储存于体内，以节约散热所需的水分和其他生理资源，直到夜晚气温降低时才慢慢散发白天储存的热量，从而使体内能量得到合理支配使用。

它们的采食范围广泛，在采食过程中，颈长弯曲抬头可采食到 2 米高的枝叶，低头可啃食地面极低的小草，加之上唇分裂为两瓣，启动灵活能伸展成锥性，牙齿坚硬，口角和两颊有角质化乳头，咬肌发达，所以能大量采食粗硬的灌木、顶端有针刺的植物。它们的耳小平贴，耳毛丛生，风沙不易进入。眼体突出，视角大，眼睑双重，睫毛长密而下垂，不受阳光直射和风沙吹袭。沙尘进入眼后，由于瞬膜和泪腺发达，能很快把表面沙尘冲洗掉。鼻孔大而斜开，启闭自如，且鼻孔周围短毛很多，可过滤风沙。

双峰驼原产在亚洲中部土耳其斯坦、中国和蒙古。世界上野双峰驼仅分布在 4 个区域，其中 3 个在新疆境内，即罗布泊无人区、阿尔金山北麓地区和塔克拉玛干沙漠，另外一个在中蒙边境外阿尔泰戈壁。4 个分布区都处于干旱和极端干旱区，环境恶劣。野双峰驼仅存 700～800 头，数量比大熊猫还少。

双峰驼是具有多种经济性状和生产性的畜种，驼绒是最好的纺织原料，可以制作高级精纺呢绒等面料。野双峰驼家养数量很多，但野生数量一直很少。再加上沙漠化日益严重，沙生植物日渐稀疏，及人类猎杀等因素，野生双峰驼更是十分罕见。中国已把它们列为一级保护动物，禁止对其进行捕杀。

▶ 知 识 窗

· 单峰驼 ·

单峰驼因有一个驼峰而得名。它比双峰驼略高，躯体也较双峰驼细瘦，腿更细长。单峰驼原产在北非和亚洲西部及南部，其确切分布区难以考证。因为它早已为人类驯化没有野生的了。有证据表明：在公元前 1800 年单峰驼就已在阿拉伯被人驯养了。虽然野生的早已灭绝，但是有些再次被野化，如引入澳大利亚的单峰驼，现在在澳洲沙漠中形成了一定规模的野生种群。

| 拓展思考 |

骆驼为什么能在沙漠上行走？

马鹿

Ma Lu

马鹿属于北方森林草原型动物，因为体形似骏马而得名，是仅次于驼鹿的大型鹿类。马鹿由于分布范围较大，所以栖息环境也极为多样。

雄鹿的体型与体重皆大于雌鹿，马鹿的体长在 1.5～2 米，肩高 1.2～1.5 米，一般体重 200～300 千克。毛色为灰色、棕色或红色。它的夏毛较短，没有绒毛，一般为赤褐色，背面较

※ 马鹿

深，腹面较浅，故有"赤鹿"之称；头与面部较长，有眶下腺，耳大，呈圆锥形。鼻端裸露，其两侧和唇部为纯褐色。额部和头顶为深褐色，颊部为浅褐色。颈部较长，四肢也长。蹄子很大，侧踢长而着地。尾巴较短。马鹿的角很大，只有雄兽才有，而且体重越大的个体，角也越大。雌兽仅在相应部位有隆起的嵴突。仅雄性马鹿有角，多为 6 叉，最多为 8 叉，第一、二叉很接近。

马鹿是分布最广的鹿之一，在亚洲、欧洲、北美洲甚至北非都有分布，是非洲仅有的两种鹿之一，另一种是黇鹿。中国国内主要在东北、内蒙古、西北等地，此外马鹿也是英国最大的陆地动物。

马鹿在我国广为养殖，高山森林或草原地区是马鹿生活的地方。它们在白天活动，也喜欢群居，特别是黎明前后的活动更为频繁，主要采食乔木、灌木和草本植物，种类多达数百种，也常饮矿泉水，以各种草、树叶、嫩枝、树皮和果实等为食，喜欢舔食盐碱。夏天有时也到沼泽和浅水中进行水浴。平时常单独或成小群活动，群体成员包括雌兽和幼仔，成年雄兽则离群独居，或几只一起结伴活动。马鹿在自然界里的天敌主要有熊、豹、豺、狼、猞猁等猛兽，但由于性机警，奔跑迅速，听觉和嗅觉灵敏，而且体大力强，又有巨角作为武器，所以也能与捕食者进行搏斗。鹿

茸产量很高，是名贵中药材，鹿胎、鹿鞭、鹿尾和鹿筋也是名贵的滋补品。

马鹿的发情期主要集中在每年的9～10月，此时雄兽就很少出去采食，常用蹄子扒土，频繁排尿，用角顶撞树干，将树皮撞破或者折断小树，并且发出吼叫声，初期时叫声不高，多半在夜间，高潮时则日夜大声吼叫。在发情期间，雄兽之间的争偶格斗也很激烈，几乎日夜争斗不休，但在格斗中，通常弱者在抵挡不住时并不坚持到底，而是败退了事，强者也不追赶，只有双方势均力敌时，才会使一方或双方的角被折断，甚至造成严重致命的创伤。取胜的雄兽可以占有多只雌兽。雌兽在发情期眶下腺张开，分泌出一种特殊的气味，经常摇尾、排尿，发情期一般持续2～3天，性周期为7～12天。雌兽的妊娠期为225～262天，在灌丛、高草地等隐蔽处生产，每胎通常产1仔。初生的幼仔体毛呈黄褐色，有白色斑点，体重为10～12千克，前2～3天内软弱无力，只能躺卧，很少行动。5～7天后开始跟随雌兽活动。哺乳期为3个月，1月时会出现反刍现象。12～14月龄时开始长出不分叉的角，到第三年分成2～3个枝杈。3～4岁时性成熟，寿命为16～18年。

▶ 知 识 窗

·天山马鹿·

天山马鹿，主产于新疆的昭苏、特克斯和察布查尔等地，数量多而高产，当地称为"青皮马鹿"。也产于哈密地区的伊吾、巴里坤草原和木垒等地，俗称"黄眼鹿"。驯养的天山马鹿分布于全国5个省（自治区）以上，以北疆为最多，数量达1万只。此外，东北地区以辽宁省为最多。

| 拓展思考 |

马鹿王子是哪部电影里的？

梅花鹿

Mei Hua Lu

※ 梅花鹿

梅花鹿是鹿科的一员，属于中型鹿类，分布于东亚，范围从西伯利亚到韩国、中国东部和越南，在日本和中国台湾等西太平洋岛屿也有分布。

梅花鹿的尾比较短，其体长在125～145厘米，尾长12～13厘米，体重70～100千克。头部略圆，面部较长，鼻端裸露，眼不仅大而且又圆，眶下的腺呈裂缝状，泪窝比较明显，耳朵比较长且直立。颈部长。四肢细长，主蹄狭而尖，侧蹄小。

雌梅花鹿没有角，雄兽的头上具有一对雄伟的实角，角上共有4个杈，眉杈和主干形成一个钝角，在近基部向前伸出，次杈和眉杈距离较大，位置较高，常被人们误以为没有次杈，主干在其末端再次分成两个小枝。主干一般向两侧弯曲，略呈半弧形，眉叉向前上方横抱，角尖稍向内弯曲，非常锐利。

梅花鹿的毛色随着季节的改变而变化，夏季体毛为棕黄色或栗红色，无绒毛，在背脊两旁和体侧下缘镶嵌有许多排列有序的白色斑点，状似梅花，所以得名。冬季体毛呈烟褐色，白斑不明显，就像是枯草的颜色一样。颈部和耳背呈灰棕色，一条黑色的背中线从耳尖贯穿到尾的基部，腹部为白色，臀部有白色斑块，其周围有黑色毛圈。尾背面呈黑色，腹面为白色。

梅花鹿生活的地区也是随着季节的变化而变化的，春季大部分在半阴坡，主要采食栎、板栗、胡枝子、野山楂、地榆等乔木和灌木的嫩枝叶和刚刚萌发的草本植物。夏秋季则迁到阴坡的林缘地带，主要采食藤本和草本植物，如葛藤、何首乌、明党参、草莓等。冬季则喜欢在温暖的阳坡，以成熟的果实、种子以及农作物为食，还常到盐碱地舔食盐碱。

它们天性机警，反应快，行动敏捷，听觉和嗅觉都很发达灵敏，而视觉则比较微弱，胆子比较小容易受到惊吓。它们的姿态非常优美而且看起来非常潇洒，能在灌木丛中自由地穿梭，给人一种若隐若现的感觉。

白天，梅花鹿大都选择在向阳的山坡上，浓密的茅草中。到了晚上则栖息在山坡的中部或者中上部等，而且坡的方向不定，但仍旧是以向阳的山坡为主，栖息地方的茅草则比较低矮且比较稀少。

　　梅花鹿是亚洲东部的一种特产种类，国外主要见于俄罗斯东部、日本、朝鲜和越南，在过去曾广布于中国各地，但现在仅残存于吉林、安徽、江西、浙江、四川、甘肃、广西的零星山林中，台湾也分布有一个特有亚种。

　　中国高度濒危的动物——梅花鹿，现在总数量不到 1000 只。华北亚种和山西亚种已经灭绝，华南亚种在安徽、浙江与江西的边界有大约 200只，在广西有不到 100 只。四川亚种在四川北部和甘肃南部有大约 500只，东北亚种可能已灭绝。台湾亚种原本已经灭绝，不过后来将驯养的种群野化并释放，现有大约 200 只。梅花鹿的发情交配一般从每年的 8～10月开始，雌兽发情时发出特有的求偶叫声，大约要持续一个月左右，而雄兽在求偶时则发出像老绵羊一样的"咩咩"叫声。

　　在繁殖期间，雄兽的梅花鹿饮食会明显地减少，性情变得粗暴、凶猛，为了同别的争夺配偶，常常会发生角斗，于是头上的两只角就成了彼此互相攻击的武器，这种"角斗"在鹿类中是一种非常普遍的现象。一只健壮的雄兽通常可以拥有 10 多只雌兽，在一个繁殖季节，雌兽可以多次发情，其发情平均为 5 天，一旦受孕后便不再发情。妊娠期为 230 天左右，产仔于第二年的 5～6 月，一般每胎仅产 1 仔，也有少数的为 2 仔。

　　刚生下来的幼仔的体毛呈黄褐色，也有白色的斑点，只需几个小时就能站立起来，第二天就可以随雌兽跑动。雌兽对幼仔非常爱护，在寻找食物的时候，自己要先走到林间草地上四处探望，确信没有任何危险后，才回到林中把幼仔带出来，一旦发现有险情，它就会发出惊叫，带着幼仔飞快地逃进密林中。哺乳期为 2～3 个月，4 个月后幼仔便可以长到 10 千克左右。1.5～3 岁性成熟，寿命大约为 20 年。

▶ 知 识 窗

·梅花鹿茸血片·

　　东北三宝之一，地道梅花鹿茸，疗效显著。包装精美，是馈赠亲友的佳品。鹿茸中含有磷脂、糖脂、胶脂、激素、脂肪酸、氨基酸、蛋白质及钙、磷、镁、钠等成分，鹿茸具有振奋和提高机体功能，对全身虚弱、久病之后的患者，有较好的强身作用。

┃ 拓展思考 ┃

　　梅花鹿的角像什么？

白唇鹿

Bai Chun Lu

白唇鹿是一种典型的高寒地区的山地动物，白唇鹿又被称为岩鹿、白鼻鹿、黄鹿，是鹿类中体形比较大的一种，体型大小与水鹿、马鹿相似。唇的周围和下颌为白色，是我国的特产动物。白唇鹿已列为国家重点保护野生动物名录一级加以保护，药用价值极高，全身上下都是宝。肉可食，皮能制革，鹿茸、

※ 白唇鹿

鹿胎、鹿筋、鹿鞭、鹿尾、鹿心和鹿血都是名贵的药材。

白唇鹿的体长约2米，体形非常高大，站立时，其肩部略高于臀部。耳长而尖。雄性白唇鹿具角，角的主干扁平，故也称其"扁角鹿"。雌鹿无角，鼻端裸露，上下嘴唇，鼻端四周及下颌终年纯白色。臀部具淡黄色块斑。通体被毛十分厚密，毛粗硬且无绒毛，毛色在冬夏有差别。

白唇鹿是以禾本科和莎草科植物为主要食物的，同样也是随着栖息环境的不同而不同。它们主要集中在早晨和黄昏活动，白天大部分的时间均卧伏于僻静的地方休息。在气温较高的月份，生活于海拔较高的地区，到了9月份以后就会随着气温的下降，而又缓慢地迁往海拔较低的地方生活。一旦受到惊吓，雄鹿就会往高处跑，而雌鹿则是向较低处跑。

白唇鹿也是喜欢群居的动物，群体的规模大小因季节和栖息环境的差异而也有所不同，这与鹿科的其他种类十分相似，即一般在植被比较密集的环境中通常分散活动或结小群，而一般在开阔的地带通常是一大群活动。

白唇鹿只在我国有分布，主要分布于青海、甘肃及四川西部、西藏东部。四川分布自南坪向南至汶川，向西经宝兴、九龙至木里一线的川西北青藏高原延伸部分，约计28个县；甘肃分布于西部肃南、肃北及祁连山东部甘南玛曲县；青海分布于祁连县以西的祁连山地区到昆仑山与唐古拉

生活在森林草原中的动物

山之间的玉树州；在西藏可可西里仅分布于东南部沱沱河沿到乌兰乌拉山东端之间，保护区外围通天河岸、杂日尕那等地有分布。

白唇鹿的繁殖期一般为一年一次，在9～10月，孕期约8个月，翌年5～6月产仔。每胎产1仔，幼鹿身上有白斑。3～4岁性成熟，寿命约20年。雌鹿3岁即可参与繁殖，而雄鹿一般要到5岁才能参与交配。每年长茸、脱角一次。鹿茸产量较高，是名贵中药材。

相关研究表明，成年的白唇鹿在平时雌雄都是分开活动，只有在交配季节即将来临时，才会集群，然后从暖季栖息地向越冬栖息地迁移，并最后组成交配群。但各交配群之间界线很明显，由主雄支配全群其他成员。交配期约81天，交配盛期为9月底至10月下旬，共24天。

▶ 知识窗

·鹿·

鹿体型大小不一，一般雄性有一对角，雌性没有，鹿大多生活在森林中，以树芽和树叶为食。鹿角会随年龄的增长而长大。鹿分布在美洲及亚欧大陆的大部分地区。其中梅花鹿的鹿茸是名贵的中药材。国内已大量进行人工饲养，并进行活鹿取茸（对鹿不会造成伤害）。角是鹿科动物中雄鹿的第二性征（个别属无角，如獐属），同时也是雄鹿之间争夺配偶的武器。角的生长与脱落受脑下垂体和睾丸激素的影响。北方的鹿过了繁殖季节，角便自下面毛口处脱落，第二年又从额骨上面的1对梗节上面的毛口处生出。

| 拓展思考 |

白唇鹿能作什么珍贵的药材？

野牦牛

Ye Mao Niu

※ 野牦牛

青藏高原特有的牛种，国家的一级保护动物——野牦牛又叫野牛，偶蹄目，牛科，牛亚科、牦牛属。藏名音译亚归。是家牦牛的野生同类，典型的高寒动物，性极耐寒。分布于新疆南部、青海、西藏、甘肃西北部和四川西部等地。栖息于海拔 3000 ～ 6000 米的高山草甸地带，人迹罕至的高山大峰、山间盆地、高寒草原、高寒荒漠草原等各种环境中。

野牦牛的头形稍狭长，脸面平直，鼻唇面小，耳相对小，颈下无垂肉，四肢粗壮，蹄大而宽圆，雌体有 2 对乳头。野牦牛头脸、上体和四肢下部的被毛短而致密，体侧下部、肩部、胸腹部及腿部均被长毛，其长可达 400 毫米，尤其是颈部、胸部和腹部的毛，几乎下垂到地面，形成一个围帘，如同悬挂在身上的蓑衣一般，可以遮风挡雨，更适于爬冰卧雪，尾部长毛形成簇状，显得蓬松肥大，下垂到踵部，在牛类中十分特殊。野牦牛雌、雄个体均有角，角形相似。但雄体的角明显比雌性的角大而粗壮。有 14 对肋骨，较其他牛类多一对；额下没有肉垂，肩部中央有凸起的隆肉，四肢短矮，腹部宽大；头上的角为圆锥形，表面光滑，先向头的两侧伸出，然后向上、向后弯曲，角尖略向后弯曲，如同月牙一般。角的长度通常为 40～50 厘米，最长的角将近 1 米，两角之间的距离较宽。毛色绝大多数呈通体褐黑色，仅吻周、嘴唇、脸面及脊背一带显霜状的灰白色，老年雄体的脊背往往有微红色。尾色纯黑，也有个别褐色的个体。雌雄有角，通体呈褐黑色。

野牦牛的四肢强壮，蹄大而圆，但蹄甲小而尖，似羊蹄，特别强硬，稳健有力，蹄侧及前面有坚实而突出的边缘围绕；足掌上有柔软的角质，这种蹄可以减缓其身体向下滑动的速度和冲力，使它在陡峻的高山上行走

生活在森林草原中的动物

自如。野牦牛的胸部发育良好，气管粗短，软骨环间的距离大，与狗的气管相类似，能够适应频速呼吸，因此可以适应海拔高、气压低、含氧量少的高山草原大气条件。

虽然野牦牛的身体魁梧，但要比印度野牛略小。公牛还长有一对粗壮的犄角，个子比较大的公牛的角长可达到 1 米。角基粗 45 厘米左右，两角端部向内靠拢且十分尖锐。这副犄角不仅是它们防御天敌的锐利武器，而且也是公牛争雄格斗的唯一法宝。母牛的犄角较小，虽然比不上野牦牛的犄角发达、却与家养公牛的犄角相当。

野牦牛的体重通常情况下都可以达到 1000 千克以上，身体呈黑褐色，体侧下方和腿部有浓密的长毛，适合在严寒环境中生活。野牦牛一年四季都是住在山坡上，喜欢吃柔软的邦扎草，夏季里用牙啃，冬天就用舌头舔。野牛多刺的舌头十分厉害，也是它的武器之一。野牦牛一般是不主动进攻人的，它硕大的体格、从容不迫的风度，显示出一副端庄、憨厚的模样。

野牦牛与黄牛相比，其消化器官要粗大很多，牙齿质地坚硬，鼻镜小，嘴唇薄，采食能力很强。主要在夜间和清晨出来觅食，食物以针茅、苔草、莎草、蒿草等高山寒漠植物为主，白天则进入荒山的峭壁上，站立反刍，或者躺卧休息、睡眠。因为野牦牛的叫声似猪，所以在产地又被称为"猪声牛"，藏语中称为"吉雅克"。野牦牛的嗅觉十分敏锐，有危险时，雄兽必首当其冲，护卫群体，而将幼仔安置在群体中间。一旦有天敌接近，野牦牛的头就会向下、尾朝空，马上狂奔乱跑，一下子消失得无影无踪。该物种也非常喜欢群居生活，除个别雄性个体常单独生活外，一般总是雌雄老幼活动在一起，少则数头，多则数百头甚至上千头。但年老的雄兽则性情孤独，夏季常离群而居，只有三四头在一起。

一般情况下，成群的野牦牛会主动逃避敌害，在遇到人或汽车时，就会跑走。而性情凶狠暴戾的孤牛则恰恰相反，常会主动攻击在它面前经过的各种对象，能将行驶中的吉普车顶翻，受到伤害的野牦牛不论雌雄，都会拼命攻击敌害，直到力竭死亡，野牦牛发起攻击时，首先会竖起尾巴示警，因此在野外工作中必须掌握野牦牛这一特点。如果年老的野牦牛离开了群体，就会一直单身生活下去。

野牦牛每天在高寒草原或荒凉的寒漠地区的大部分的时间，都是在进行采食，没有十分固定的栖居地，只有大致的分布区。在严寒的冬季，由于植物被冰雪覆盖，因而常在较大范围内做短距离的迁移。善于奔跑，时速可达到 40 千米以上。禾本科及莎草科植物是野牦牛食物的主要组成部分，由于野牦牛的舌构造特殊，可以长期以垫状植物为食，因而成为特别耐粗食的物种。

野牦牛原常栖息于海拔 3000～6000 米的高山草甸地带，人迹罕至的高山大峰、山间盆地、高寒草原、高寒荒漠草原等各种环境中，夏季甚至可以到海拔 5000～6000 米的地方，活动于雪线下缘。野牦牛具有耐苦、耐寒、耐饥、耐渴的本领，对高山草原环境条件有很强的适应性，所以很多野生有蹄类和家畜难以利用和到达的灌木林地、高山草场，它却能轻而易举地做到。

野牦牛的发情期为 9～11 月，雄牛 3 岁性成熟。在这段时间里，雄兽变得异常凶猛，经常发出求偶叫声，争偶现象十分激烈。胜者率领数只到 20 多只雌牛一起活动，败者往往尾随群体伺机交配，或离开群体另觅新欢。有些斗败的雄兽会下山闯入家牦牛群中，与雌性家牦牛交配，甚至把雌性家牦牛拐上山去。这对保持这一地区家牦牛体格，耐寒耐粗等优良性状具有非常重要的意义，因此有野牦牛分布地区的家牦牛体格和产肉量要比没有野牦牛分布地区的家牦牛明显优越。怀胎雌牛每年 6～7 月份产仔，妊娠期约 240～250 天，每胎 1 仔。幼仔出生后半个月便可以随群体活动，第二年夏季断奶，寿命为 23～25 年。野牦牛与家牦牛交配后，其第一代杂种性情凶猛暴烈，野性难驯，第二代杂种体重比野牦牛高 42%，在畜牧业上发挥着重要的意义。

知 识 窗

·野牦牛队·

野牦牛队是青海省玉树州治多县委员会西部工作委员会（简称"西部工委"）于 1992 年自筹资金组织的一支武装打击藏羚羊盗猎的队伍。野牦牛队队员从无到有，硬是在极端困难的条件拼打出一支举世闻名的自然保护队伍，在可可西里无人区内常年担负起保护高原稀有野生动物的职责，并与盗猎分子展开了殊死搏斗，被称为"藏羚羊的保护神"。

拓展思考

青藏高原上还生长有什么动物？

羚牛

Ling Niu

羚牛共有四个亚种，它们的体型头如马、角似鹿、蹄如牛、尾似驴，其体型介于牛和羊之间，可以说是个"四不像"的动物。但牙齿、角、蹄子等更接近羊，可以说是超大型的野羊。主要分布在喜马拉雅山东麓密林地区。

※ 羚牛

羚牛的肩高为 110～120 厘米，雄性体重可达 400 千克，雌性 250 千克，最重的羚牛甚至可达 1000 千克。雄性和雌性都长有较短的角，一般长约 20 厘米。

羚牛的全身毛色为淡金黄色或棕褐色，上体暗黄而染有淡褐色，四肢、腹部和臀部褐黑色，背中脊纹黑色。整个体色较四川羚牛和秦岭牛羚要深，其躯体和角的大小及弯曲度也较之小些，但鼻骨的隆起比较发达。成年雄性体重 200～300 千克，尾较短，吻鼻部高而弯起，似羊。肩高于臀，角粗而弯向两侧。其毛色色泽依老幼而不同。遍体白色或黄白色，老年个体为金黄色，背中不具脊纹。吻鼻部和四肢为黑色，幼体通体为灰棕色。

我们经常可以看到成群的羚牛聚在一起活动，每群都是由一只成年的雄牛组织，羚牛是一种喜欢群居的动物。羚牛行进时的队伍也是非常有纪律的，健壮的公牛分别走在队伍的前面和后面，队伍的中间是母牛和幼牛。群牛不会去主动攻击人，危险性要低很多。但独牛的性情跟生活在群体中的羚牛则大不一样。到了夏秋季节，就可以在海拔较高的高山草甸或雪线附近见到，到了冬春季下移至林内及避风的低山河谷一带活动。那里的气候温凉潮湿，可避开低处的酷热及蚊、蚋、蠓、虻等昆虫的叮咬骚扰，在冰斗边缘的泥池和泥塘，有盐碱地可供它们舔食，以满足大量草食、发情交配和妊娠等生理节律所需的各种微量元素。那里的植被和水源也非常丰富，由蒿草、蓼科的草类组成建群种，还有西藏箭竹伏地密集丛生呈草甸状，故其食物基地较广阔，食物极为丰富。群栖，常于清晨和黄昏取食竹叶、草类，亦食多种植物的嫩枝、幼芽，到秋季则采食各种植物的籽实。

羚牛在我国境内主要分布于西藏和云南，西藏分布区是在雅鲁藏布江中游"大拐弯"江岸以东，以墨脱县以南的米什米丘陵为中心；云南分布区位于西北部的高黎贡，其地形与西藏分布区相似，是沿山脉延伸而来。云南分布区境内计有贡山、福贡、盈江、腾冲、保山和龙陵等7个县。在国外见于印度阿萨姆和缅甸。

羚牛的繁殖期一般都是在7～8月份，这时雄牛的性情变得格外凶猛，为了争夺雌牛，强壮雄牛间互相展开激烈的角斗，失败者退居群后，取得了胜利的雄牛才得以与雌性交配。羚牛的孕期约9个月，一般到下一年的3～5月份产仔，每胎一头。平均寿命在12～15年。

总体来说，羚牛是一种很古老的动物，早在古代的《汉书》中，羚羊就被称为猫牛。羚牛角是珍贵的药材，性寒，可入药，能平肝气，可以清热镇惊解毒，也可治内热、头痛、眩晕、狂躁等疾病。

▶ 知 识 窗

·秦岭羚牛·

秦岭羚牛是秦岭山脉的特产动物，其分布沿秦岭主脊冷杉林以上。它们一般生活在150～3600米的针阔混交林、亚高山针叶林和高山灌丛草甸。

秦岭羚牛在羚牛的几个亚种中它们体型更大些。遍体白色或黄白色，老年个体为金黄色，背中不具脊纹，吻鼻部和四肢为黑色。幼体通体为灰棕或棕褐色。

拓展思考

羚牛的角是怎么生长的？

盘羊

Pan Yang

盘羊是濒临灭绝的珍稀保护动物，也是国家的二级保护动物，是体形最大的野生羊类，又被称为大头羊、大头弯、盘角羊。体色一般是褐灰色或者是污灰色，主要在亚洲的中部广阔地区分布。

盘羊的体长一般在 150～180 厘米，肩高 50～70 厘米，体重在 110 千克左右。盘羊的体色一般为褐灰色或污灰色，

※ 盘羊

脸面、肩胛，前背呈浅灰棕色，耳内白色部浅黄色，胸、腹部，四肢内侧和下部及臀部均呈污白色。前肢前面毛色深暗，尾背色调与体背相同，通常雌羊的毛色比雄羊的深暗，个别盘羊全身毛色是不一样的。雄性的角特别大，呈螺旋状扭曲一圈多，角外侧有明显而狭窄的环棱，雄羊角自头顶长出后，两角略微向外侧后上方延伸，随即再向后下方及前方弯转，角尖最后又微微向外上方卷曲，所以就形成了明显螺旋状角形，角基一般特别粗大而稍呈浑圆状，至角尖段则又呈刀片状，角长可达 1.45 米左右，巨大的角和头及身体显得不相称。而雌羊的角形相对来说就比较简单，角体也明显较雄羊短细，角长不超过 0.5 米，角形呈镰刀状。但如果和其他一些羊类比起来，雌盘羊角还是比较明显粗大的。

盘羊在采食或休息时，常有一头成年羊在高处站岗放哨。能及时发现很远地方的异常，当危险来临，即向群体发出信号。它们能在悬崖峭壁上奔跑跳跃，来去自如，而且极耐渴，能几天不喝水，如果冬天没有水就吃雪。

以小群活动为主是盘羊经常采用的活动方式，沙漠和山地交界的冲积平原和山地低谷是它们的栖息地。它们比较喜欢开阔、干燥的沙漠和大草原。视觉、听觉和嗅觉敏锐，性情机警，稍有动静，便迅速逃跑。冬季下

大雪时，则栖息在平原或山谷中积雪较浅的地方。在早晨和黄昏时分进行活动，冬季也常常在白天觅食。以禾本科、葱属以及杂草为食。盘羊还善于爬山，比较耐寒。盘羊最大的敌人就是狼和雪豹。

盘羊分布于亚洲中部广阔地区，包括中国、前苏联和蒙古。中国主要分布在新疆、青海、甘肃、西藏、四川、内蒙古地区。

盘羊的发情交配期在每年的秋末初冬，妊娠期 150～160 天，第二年的 5 月至 6 月产仔，每胎产仔 1～3 只。幼仔适应环境的本领很强大，出生后只要毛一干便能直立起来吃奶，几小时后就可以随雌兽到处活动，一个月左右开始吃草，哺乳期大约持续半年以上，1～2 岁性成熟，寿命约为 10～15 年。

▶ 知 识 窗

·白水羊头·

白水羊头是一道名菜，选料严格，制作精细，刀工讲究，成品色白洁净，肉片又大又薄，蘸着特制的椒盐吃，软嫩清脆醇香不腻，风味独特。制作白水羊头肉，羊头是选用两三岁内蒙古产的山羊头，羊头要用清水泡上两小时才能把羊脸刷白，再把羊嘴掰开用小毛刷探进嘴内刷洗口腔，如片羊头肉要轻快下刀，动作敏捷，顺丝片，薄如纸，撒上特制的椒盐，色白如玉的羊头肉，清脆利口。

拓展思考

盘羊在《喜羊羊与灰太狼》之《羊羊运动会》里出现过，它得到了一块什么奖？

生活在森林草原中的动物

藏羚羊

Zang Ling Yang

※ 藏羚羊

藏羚羊为国家一级保护动物，是中国重要珍稀物种之一，为羚羊亚科藏羚属动物。

它的体形与黄羊相似，体长为 117～146 厘米，尾长 15～20 厘米，肩高 75～1 厘米，体重 45～60 千克。主要在海拔 4600～6000 米的荒漠草甸高原、高原草原等环境中栖息，特别喜欢水源附近的平坦草滩。天性胆怯，在早晨和黄昏经常结小群活动、进行觅食。藏羚羊善于奔跑，最高时速可达 80 千米，寿命最长为 8 年左右。雌藏羚羊生育后代时都要千里迢迢到可可西里生育。所以有的学者就认为可能是卓乃湖和太阳湖等地水草丰美，天敌少。丰富的食物、相对安全的环境有利于藏羚羊的生产和生长。还有的人认为：卓乃湖和太阳湖的水质可能含有某种特殊的物质，有利于藏羚羊母子的存活。而且，藏羚羊集中产羔后，离开产羔地，有可能回到种群不是以前它所在的种群。这样会利于基因之间的交流，增加物种的遗传多样性，从而有助于藏羚羊种群的延续。

它主要分布在新疆、青海、西藏的高原上，另外也有极个别的个体分布在印度地区。

在青藏高原，以羌塘为中心，南至拉萨以北，北至昆仑山，东至西藏昌都地区北部和青海西南部，西至中印边界，偶尔有少数由此流入印度境内。

藏羚羊的四肢强健而匀称，尾短小而端尖。雌兽没有角。雄兽有角，角形特殊，有 20 多个明显的横棱，细长似鞭，乌黑发亮，从头顶几乎垂直向上，光滑的角尖稍微有一点向内倾斜，但其长度可以达到 60 厘米左右，最长的记录是 72.4 厘米，非常漂亮。因为两只角长得十分匀称，由侧面远远望去，就好像只有一只一样，所以被称为"独角兽"或"一角兽"。

它们通体的被毛都非常丰厚细密，呈淡黄褐色，略有一些粉红色，腹部为浅褐色或灰白色。成年雄性藏羚羊脸部呈黑色，腿上有黑色标记，头上长有竖琴形状的角用于御敌，一般有 50～60 厘米。而雌性藏羚羊没有角。藏羚羊的底绒非常柔软。

值得注意的是，藏羚羊的每个鼻孔内都还有 1 个小囊，所起的作用就是为了在空气稀薄的高原上进行呼吸。

虽然藏羚羊的活动很复杂，也有一些藏羚羊会长期居住一地，还有一些有迁徙习惯，它们重要的生态特征就是季节性迁徙。雌性和雄性藏羚羊活动模式也是不同的。成年雌性藏羚羊和它们的雌性后代每年从冬季交配地到夏季产羔地迁徙行程 300 千米。年轻雄性藏羚羊会离开群落，同其他年轻或成年雄性藏羚羊聚到一起，直至最终形成一个混合的群落。

它们天性比较胆小，经常在早晨和黄昏出来活动，到溪边觅食禾本科和莎草科的杂草等。在平常都是结成 3～5 只，或者 10 只左右的小群活动，逃逸时雄兽在前，依次跟随，很有次序。当有狼突然逼近的时候，藏羚群体往往不是四散奔逃，而是集聚在一起，低着头，用长角为武器与狼斗争，这样也常常使狼没办法下手，只好放弃。一旦发现有其他雄兽靠近，便会挺身而出，发出叫声，并用角猛攻。

雌性藏羚羊在 1.5～2.5 岁之间达到性成熟，经过 7～8 个月的怀孕期后，一般在 2～3 岁之间产下第一胎。幼仔在 6 月中下旬或 7 月末出生，每胎一仔。交配期一般在 11 月末到 12 月之间，雄性藏羚羊一般需要保护 10～20 只雌性藏羚羊。

▶ 知识窗

·藏羚羊的价值·

藏羚羊是我国青藏高原的特有动物。它喜欢栖息在海拔 4000～5500 米的高原荒漠、冰原冻土地带及湖泊沼泽周围，藏北羌塘、青海可可西里以及新疆阿尔金山一带令人类望而生畏的"生命禁区"。

藏羚羊身上的羊绒特别优异：质轻柔、保暖好、弹性强。

在我国境内，目前 1 千克藏羚羊生绒的价格可达 1000～2000 美元，而一条用 300～400 克羊绒织成的"沙图什"价格可高达 5000～3 万美元。据介绍，一只藏羚羊只能剪取羊绒 100～200 克。

| 拓展思考 |

"三羊开泰"一词是怎么来的？

生活在森林草原中的动物

野 马
Ye Ma

现在，野马的种群已近灭绝。野马也是马的一种，与现在家里的马比较相像。如果它们相互交配，就能够繁殖出有生育能力的下一代。可是它们是同族，但不是同种，家马不是从蒙古野马驯养而来的。

野马的身躯不高大，但是头却很大，没有额毛，且耳朵比较短。头和背部呈焦茶色，身体的

※ 野马

两侧则比较淡，腹部变为乳黄色。在冬夏两季，毛色会不同。冬季的毛长且很粗，颜色较淡，其背部的毛呈波浪形状态。到了夏季，毛就会变短，颜色会变深，四肢会显露出几条隐条纹，从头一直到背部。它的尾巴很长，毛是深褐色的，比较蓬松。

野马的体格健壮，性情凶猛，蹄子小而圆，奔跑速度则很快，耐干旱。在沙漠、草原上，它们有时遇到狼群，并不是迅速地逃跑，反而是镇静地对抗狼群。有时它会突然发动进攻，向狼冲去；有时又会迅速地转过身来，扬起后蹄猛踢。因此，狼也一般不敢轻易侵犯它。

缓坡上的山地草原，丘陵和沙漠等是野马的栖息地。野马天性机警，并且善于奔驰；一般是集群生活，到了冬季，群会比较大，而夏季的群就会有些小。一般由强壮的雄马为首领结成5～20只马群，进行游移生活。大多数时候在晨昏沿固定的路线到泉或溪边饮水。在冬季常挖取雪下的枯草和苔藓进行充饥。

野马曾分布于我国新疆北部准格尔盆地北塔山及甘肃，内蒙古交界的马鬃山一带。但是后来随着野马的消失，人们都没有发现有野马的出现。在现在的状态下，也有人工进行圈养野马的。从80年代末期以来，野马从欧洲引回我国新疆奇台，甘肃武威半散放养殖，为野马重返大自然而进行科学实验和研究工作。原产于新疆北部，甘肃，内蒙古交界处。

现在，野马的种类和数量已经很少了，它已经被列入世界禁猎动物之中。在国际上成立了专门的组织，对野马进行调查研究，研究并制定出了驯养、保护和繁殖的方法。我国已把野马列为一级保护动物，严禁捕猎。

科学家们也曾经把各种马进行杂交，使一百年前生存在欧洲的一种野马——大盘马再现。

▶知 识 窗

·野马汽车·

1962 年，福特汽车公司开始研发了野马的第一辆概念车——野马型车。它是一部发动机中置的两座跑车，为了纪念在二战中富有传奇色彩的北美 P57 型"野马战斗机，福特汽车将这辆跑车命名为"野马"。

|拓展思考|

千里马是怎么被发现的？

生活在森林草原中的动物

草

原上的群居动物

第六章

CAOYUANSHANGDEQUNJUDONGWU

与独居相对，群居动物主要是指以群体为生活方式，在生活中无论进食、睡觉、迁移等行为都以集体为单位，彼此间相互关照，相互协助的动物。

斑 马

Ban Ma

斑马是珍奇的观赏动物，是斑马亚属和细纹斑马亚属的通称，是一类常见于非洲的马科动物。斑马的视力非凡，它们并不是色盲。现存的斑马有三种，分别为平原斑马、细纹斑马及山斑马。但现在由于人们追求其皮和肉曾大量捕杀，其中拟斑马已于1872年绝迹，山斑马也濒临灭绝。

※ 斑马

斑马能够慢慢地行走，也可以快速地走，这跟马是一样的。但斑马比马的速度要慢些，可是它们的耐力比较好，要捕捉它们的猛兽难以追得上。斑马在被其他动物追逐时，常常会急转个弯，令敌方很难猎取它们。

斑马身上的条纹非常漂亮而且雅致，是同类之间相互识别的重要标记之一，更重要的是形成适应环境的保护色，作为其生存的一个重要保护手段。在开阔的草原和沙漠地带，这种黑褐色与白色相间的条纹，在阳光或月光照射下，反射出来的光线各不相同，这样可以模糊或分散体型轮廓，从远处望去，很难与周围的环境进行分辨。

斑马与别的有蹄动物一样，斑马的眼生在头的两侧，视觉较阔。所以它们在较黑暗的环境中也能看得到其他东西，但是到了晚上，它们的视力能力相对于其他肉食动物来说就比较弱。幸好斑马的听力非常灵敏，环绕听觉要比马好得多，更可以转向任意方向，来补偿对眼的夜视弱点，以防在夜间被肉食动物猎取。此外，斑马的味觉与嗅觉也是相当好的。

普通斑马在平原草原栖息，山斑马则喜欢在多山和起伏不平的山岳地带活动，细纹斑马则在炎热、干燥的半荒漠地区栖息，偶尔在野草焦枯的平原也能看到。它们天性谨慎，通常结成小群行走，但有时候也会常遭狮子捕食。斑马是食草性动物。除了草之外，灌木、树枝、树叶甚至树皮也是它们的食物。它们的消化系统能力非常强，这样就使斑马在低营养条件下也可以生存，略胜于其他的食草性动物。

斑马是一种一夫多妻制的高度群居性的动物，不同的种类，它们的社会构成也是不一样的。平原斑马及山斑马都可以组成"家庭"，每一"家"都是由一只雄性斑马、最多 6 只雌性斑马以及它们的子女们。而一些还没有交配的雄性斑马则会自己单独生活，或是跟其他雄性斑马生活在一起，一直到它们有足够的能力去挑战有"家室"的雄性斑马。当斑马群遭到土狼或是野狗攻击时，成年的斑马就会组成一个圆形，并将还没长大的斑马放在圆圈内，它们的首领就会保护它们。

但细纹斑马没有固定的社会关系，细纹斑马很少长时间在一起生活。成年的雄性斑马会自己独居，而未成年的斑马就会跟它们的母亲在一起生活。跟平原斑马及山斑马一样，尚交配的雄性斑马也会跟其他雄性一起生活，不过关系不太固定。

在需要相互联络时，斑马会用高音的吠声及嘶声为对方发出信号，细纹斑马的叫声有点像驴。它们表达心情主要依靠的是耳朵，心情平静、紧张或温和友善时，它们的耳朵会直起。受到惊吓时耳朵会向前，生气时就会向后。在观察周围是否有敌人时，耳朵会直起，眼睛来回转动，观察周围的一切，一旦看到有敌人出现时，斑马就会大声地吠叫。

雌性斑马要比雄性较早成熟，到了 3 岁就能够生殖，而雄性到五六岁才有繁殖能力。跟马一样，斑马出世不久就懂得了站立、行走及哺乳。刚出世的斑马斑纹是棕色及白色的，随着它们渐渐地长大，斑纹就会变成黑底白间。

山斑马及平原斑马的幼仔是由它们的母亲及其他成年斑马一起保护的，而细纹斑马的幼仔通常只由它们自己的母亲保护，因为细纹斑马的社会群会在繁殖季节几个月后立即解散。

斑马的数量受人类的影响非常大，而人类偷猎斑马的主要原因是为了获取斑马皮。1930 年，山斑马的数量因为捕猎而濒临灭绝，数量还不到 100 匹。由于保护及时，数量渐渐上升到了 700 匹。所有的山斑马亚种都在国家公园内得到了保护，但是仍然存在人类偷猎的现象。

细纹斑马也同时受到了一定的威胁。猎杀和家畜的竞争使其数量大幅减少。因为它们的种群规模小，像干旱等这种自然灾害对整个种群也产生了很明显的影响。平原斑马要比细纹斑马好得多，它们有健康的种群规模。然而人们的猎杀和农业耕作对平原斑马栖息地的影响仍然威胁着平原斑马。拟斑马已经因为这个原因而灭绝了。

知识窗

·斑马鱼·

斑马鱼（zebra fish），又名蓝条鱼、花条鱼、斑马担尼鱼，原产于印度、孟加拉国。斑马鱼，是淡水水族箱观赏鱼，原产于亚洲，体长约4厘米（1.5吋），具暗蓝与银色纵条纹，蓑鲉属鱼类是海水水族箱观赏鱼，鳍棘有剧毒，体具色彩丰富的垂直条纹。有些种类称为蓑鲉（lion－fish）或称狮子鱼、火鸡鱼。由于其基因与人类87％相似，因此广泛应用与生命科学的研究，研究表面，它可能为盲人和耳聋带来福音。

拓展思考

我们经常所说的斑马线有什么作用？

生活在森林草原中的动物

大象

Da Xiang

现存世界上最大的陆栖动物——大象，属于哺乳纲，长鼻目，象科，通称象。它的长鼻柔韧而且肌肉发达，具有缠卷的功能，是它们自卫和取食的有力武器。长鼻目仅有象科1科共2属2种，即亚洲象和非洲象。虽然它有一个巨型的胃和19米长的肠子，但是它的消化能力却是很差的。

※ 大象

大象的肩高约2米，体重3~7吨。它们的头大，耳朵就像扇子一样。四肢粗大就好像圆柱子，支持着巨大的身体，膝关节不能自由屈曲。鼻长几乎与体长相等，呈圆筒状，伸屈自如；鼻孔开口在末端，鼻尖有指状突起，能拣拾细物。上颌具1对发达门齿，终生生长，非洲象门齿可长达3.3米，亚洲象雌性长牙不外露；上、下颌每侧均具6个颊齿，自前向后依次生长，具高齿冠，结构复杂。每足5趾，但第一、第五趾发育不全。被毛稀疏，体色浅灰褐色。雄象睾丸隐于腹腔内；雌象前腿后有2个乳头，妊娠期长达600多天（22个月），一般每胎1仔。非洲象长鼻末端有2个指状突起，亚洲象仅具1个；非洲象耳大，体型较大，亚洲象耳小，身体较小，体重也比较轻。

大象在各种环境中都能生存，不过最喜欢在丛林、草原和河谷地带活动。大象通常是以家族为单位的群居性动物，由雌象统领大家进行活动，每天活动的时间，行动路线，觅食地点，栖息场所等都要听雌象的指挥。而成年雄象只承担保卫家庭安全的责任。有时几个象群聚集起来，结成有上百只大象的大群。但有时也可以见到雄象独居。它们的食量特别大，主要以植物为食，每日的食量大约在225千克以上。寿命约80年，有一些象已被人类驯养，作为家畜，可供骑乘或者干活。

亚洲象历史上曾分布于中国长江以南的南亚和东南亚地区，现分布范围已经缩小，主要产于印度、泰国、柬埔寨、越南等国。中国云南省西双版纳地区也有小的野生种群，非洲象则广泛分布于整个非洲大陆。

大象的求爱方式很复杂，每当繁殖期到来时，雌象便开始寻找比较安静的地方，然后用鼻子挖坑，开始建筑新房，然后摆上礼品。雄象会四处漫步，用长鼻子在雌象身上来回抚摸，接着用鼻子互相纠缠，有时也会把鼻尖塞到对方的嘴里。

相信大家都很好奇，如果大象要进行交流，那该用什么方式呢？其实，大象是用人类听不到的次声波来交流的，在没有干扰的情况下，一般可以传播 11 千米，如果遇上气流就会导致介质分布不均匀，只能传播 4 千米，如果在这种情况下还要进行交流，象群就会一起踩脚，发出强大的"轰轰"声，这种方法最远可以传播到 32 千米。那远方的大象怎么可以听得到呢？总不能把耳朵贴在地上听吧？其实大象是用骨骼来传导的，当声波传到时，声波会沿着脚掌通过骨骼传到内耳，而大象脸上的脂肪可以用来扩音，动物学家把这种脂肪称为扩音脂肪，还有许多海底动物也是有这种脂肪的。

知识窗

·科特迪瓦的象征·

大象是科特迪瓦的象征，开始的"象牙海岸"只是南部地区的名称，因为那里有很多大象和象牙，1893 年 3 月，法国殖民者将这个名称正式推广为国名。那时候，欧洲人乘船过来主要是猎取当时非常名贵的象牙，当然现在也很名贵。

2010 年南非世界杯，科特迪瓦队将穿着以大象为暗纹和队徽的球衣。

拓展思考

大象的耳朵有什么特殊的作用？

生活在森林草原中的动物

狮 子

Shi Zi

最著名的草原霸主——狮子，是地球上力量最强大的猫科动物之一，是唯一的一种雌雄两态的猫科动物。它们拥有威武的身姿、王者般的力量和离弦的箭一样的速度，可以堪称是最完美的结合，狮子一直以来都以"万兽之王"著称。

※ 狮子

狮子的体型巨大，头部也巨大，脸型很宽，鼻骨较长，鼻头是黑色的。狮子的耳朵比较短，耳朵很圆。母狮的耳朵好像是个短短的半圆，而美洲狮的耳朵则比较长，耳尖也比较尖。狮的前肢比后肢更加强壮，它们的爪子也很宽。它们的毛发比较短，体色有浅灰、黄色或茶色，不同的是雄狮还长有很长的鬃毛，鬃毛有淡棕色、深棕色、黑色等等，长长的鬃毛一直延伸到肩部和胸部。狮的尾巴相对来说比较长，末端还有一团深色长毛。

母狮与公狮相比，体型略小。公狮颈部的周围包着一层名为"狮鬃"的鬃毛，狮鬃的颜色都不太一样，有金褐、咖啡、黑色，有些狮的狮鬃浓密而杂乱，有的稀疏且平顺，那些鬃毛越长，颜色越深的雄狮或许在母狮眼里就是英俊挺拔的帅哥，常常更能引起"女士们"的注意。

雌狮们在狮群中是最主要的狩猎者，虽然狮子的奔跑速度非常快，但是它们的猎物比它们跑得更快。在狩猎时，它们往往不会注意风向，这样往往会很容易把它们暴露给对方，而且狮子没有耐力，只快速奔跑一段路程就不能再继续了。所以，多数情况下，它们是无功而返。不过，狮子在捕获猎物时也总是小心谨慎的，尽可能地利用一切来隐藏自己，然后再突然向目标猛扑过去，然后一口咬住其颈部直到没有气息，这时其他的成员就会一起上前享受美餐。

狮子在所有的猫科动物中，是唯一的群居性动物。一个狮群主要是由有亲缘关系的雌兽组成。一个群的大小主要是由地形和猎物的多少来决定的，一个狮群可以由3～30只狮组成。它们一般都会在每天晚间狩猎前和黎明醒来开始活动前咆哮一阵，雄狮将尿液排在灌木丛、树丛或者直接排在地上，或者在经常行走的通道上留下这些刺激性气味，来标记宣示它们的领地范围。

在过去，狮子曾生活在欧洲东南部、中东、印度和非洲大陆。在生活在西亚的亚洲狮因偷猎而灭绝后，吉尔国家森林已成了亚洲狮最后的栖息地；生活在非洲的狮如今基本分散在撒哈拉沙漠以南至南非以北的大陆上，在这里的广阔草原、开阔林地、半沙漠地区生活，并在肯尼亚海拔5000米的高山中也有发现。

虽然在一个狮群中雄狮的地位非常高，但是也只有在一只雌狮同意的情况下它才能与它进行交配，如果雌狮愿意，它就会趴在地上，让雄狮跨上。从雌狮对雄狮的态度上可以看出雄狮在群中的地位有多高，以及在下一次争斗中能否被打败。

雌狮的怀孕期一般为4个月，之后生2～4只幼仔。幼仔的体重一般是1500克。幼仔不但可以在它的母亲身上吸奶，而且也可以在群中的每只雌狮身上吸奶。对幼仔的抚养可以说是整个狮群的任务，不只是一个雌狮的任务。幼仔的吸奶期也是4个月，在此之后，它们还跟着母亲在一起生活2年。雌狮子一般在3年后，雄狮在5年后性成熟。

一般情况下，雄狮的寿命不超过12年，一般雌狮的寿命约15～18岁。在动物园中，有些狮子可以活到34岁。

┃知 识 窗┃

·狮子山·

中国叫狮子山的地方不少，最有名的当数香港的狮子山了。香港特别行政区狮子山，端坐于香港九龙塘及新界沙田的大围之间，狮子山早在1.4亿年前已形成，现在狮子山的位置，从前是一片大熔岩，"狮子"头面向九龙西边，狮身连尾巴完整地伏在山上。其余的还有云南省武定县狮子山、湖南省城步苗族自治县狮子山、江苏省徐州市狮子山等多座狮子山。

┃拓展思考┃

狮子与老虎谁是真正的"森林之王"？

鬣狗

Lie Gou

非洲大草原上最凶悍的清道夫——鬣狗，是一种体型中等的哺乳动物，它们都是鬣狗科。生活在非洲、阿拉伯半岛、亚洲和印度次大陆的陆生肉食动物，是唯一能够嚼食骨头的哺乳动物。它们的外形与狗很相似，但头要比狗的头短而且圆，毛棕黄色或棕褐色，并有很多不规则的黑褐色斑点。

※ 鬣狗

鬣狗在站立时其肩部要高于臀部，其前半身比后半身粗壮。它们脑袋大，头骨粗壮，头长吻短，耳大且圆。它的四肢各具四趾（土狼前肢五趾），爪大，弯且钝，不能伸缩。它的颈肩部背面长有鬣毛，尾毛也很长。体毛稀且粗糙，并带有斑点或条纹。有肛门腺，哺乳动物，多生长在热带或亚热带地区，吃兽类尸体的肉。

鬣狗长有比较发达的犬齿、裂齿，咬力非常强，它们的感觉器官也十分敏锐，特别是它们的嗅觉和听觉。诸如许多高频率的声音，它们的大耳朵都可以接收得到，另外还对许多超声波非常敏感。鬣狗的消化能力也是非常强的，可以吞噬包括骨头等一切东西，拉出的粪便像石灰块，对食物的利用可谓是到了极致。

鬣狗走路和奔跑的姿势不是很美观，主要是由于它的后躯要低于前躯，但它们在跑起来时却是相当迅速且有耐力。

鬣狗通常是在晚上捕猎，黎明时分是它们的休息时间。经常可以见到有成群的鬣狗抢夺猎豹、狮子的食物。群体数量大时，可以驱赶狮群。斑鬣可以单独、成对地或三只一起猎食，也能整群地进行围猎。

鬣狗们的这种群居群猎生活，是典型的母系社会体系，即母鬣狗统治着鬣狗社会。在一群鬣狗中，领头的那只母鬣狗要比雄鬣狗还要强壮一些，在其他方面雌雄鬣狗看起来都没有什么区别。每次狩猎的距离最远达到 100 千米远，在狩猎中会有犬只受伤，而受伤者就会留在洞穴守护地盘及照料仔犬，狩猎群回洞穴后，会吐出食物喂食留守的犬只。

鬣狗没有固定的繁殖季节，"夫妻"这个概念根本就不存在鬣狗的生活中。一般雌斑鬣狗全年只有 14 天的固定发情期，在此期间，它们可以连续和不同的雄斑鬣狗交配一次或数次。斑鬣狗的妊娠期为 110 天，平均每胎生 2 只，通常在洞穴内生产。小鬣狗一生下来眼睛就睁开了，皮肤是黑色的，重量大约有 1.5 千克。它们几乎全部是靠吃奶生活，慢慢地它们会再吃一些成年斑鬣狗为它们衔回来并放在洞穴四周的肉块。因为它们对自己母亲的声音非常熟悉，所以小斑鬣狗只有在自己母亲呼唤自己时才会离开洞穴。

斑鬣狗的哺乳期要比其他动物持续时间长，大概是 12～16 个月。每只母斑鬣狗都有 4 个乳房，是专门用来哺育子女们。当这些小斑鬣狗身体长到快和成年的斑鬣狗一样时，它们才断奶，但要达到性成熟还需要好几个月。

▶ 知识窗

· 土狼 ·

土狼（英文名 aardwolf），食肉目鬣狗科土狼属的单型种。外形与鬣狗颇相似，体长 80 厘米，肩部高而臀部低；从头后到臀部的背中线具有长鬣毛；全身棕色，但体侧和四肢均有棕褐色条纹；尾长 30 厘米，尾毛长而蓬松。分布于非洲西海岸和南部。土狼门齿和犬齿与食肉兽相似，但前白齿小而尖，只有 2 枚，白齿只有 1 枚而又退化，显然已不适于强力咀嚼肉类。除进食柔软的腐肉、鸟卵外，主要食物是白蚁。舌较长而发达，可舔舐白蚁。晚上出来寻食。冬末产仔 2～5 只，雌雄兽共同哺育。土狼在尾根下有 1 囊状腺体，其分泌物用于标记领域。性懦弱，从不攻击人。

| 拓展思考 |

天热狗为什么会吐舌头？

生活在森林草原中的动物

118

野狗

Ye Gou

※ 野狗

这里主要介绍的是澳洲野狗，它们是群居性动物，看上去就像狐狸一样，是一种中等大小的灰狼亚种。它们的食物都是很丰富的，除了捕食鼠、兔等小型哺乳动物以及鸟类外，狗群还经常合作捕猎袋鼠、袋熊、绵羊、梅花鹿、牛犊、巨蜥等大型的猎物。它们在热带森林、草原、沙漠、高原等自然环境中生活，适应能力非常强，有的还敢在附近的村庄里活动。

雄性野狗体形要比雌性高大，体长在 81～111 厘米，尾长 31 厘米，肩高 40～65 厘米，雄性体重 12～22 千克，雌性体重 11～17 千克。它们的牙齿非常尖锐。还长有优雅的长脚，动作非常迅速敏捷，它们的运动、速度和耐力都是数一数二的。皮毛体色丰富，总体来说是典型的沙质色，包括有姜色、金色、红色、褐色、乳白色，甚至还发现过纯黑和纯白色的个体，与普通的家狗相比，外貌没有什么大的差别。胸部的霜毛、脚和尾巴尖颜色较淡。极个别的野狗身上还有黑褐色和白色的斑纹。但澳大利亚的野狗与亚洲的野狗相比，会显得更大些，浓密的尾巴更像狼，它们是食肉类动物，所以犬齿是非常大的。

野狗在觅食时是比较随便的，几乎找到什么就吃什么，除了捕食鼠、兔等小型哺乳动物以及鸟类外，狗群经常合作捕猎袋鼠、袋熊、绵羊、牛犊、巨蜥等大型猎物，分布在澳大利亚的种群 60% 的食物是高蛋白的肉类，而亚洲种群则主要以水果、鱼、甲壳类、蛙类、蜥蜴类以及人类的垃圾为食。

野狗也过着集群的生活，每群大约有 3～12 只，由一对夫妇领导，它们实行的是等级制度，而且这种制度是非常严格的。一个群体一般占据 10～20 平方千米的领地，在早上和黄昏时分出来活动，寻找食物。在正午炎热的时分就会寻找阴凉处休息。

人、鳄鱼、胡狼和家犬是野狗最大的敌人，有时候在不同群落里的野狗也会相互残杀。而小野狗有时也会被老鹰抓走。由于它们长期生活在比较残酷的环境中，所以它们的攻击性是非常强的。它们尖锐的牙齿、锋利的四爪和迅猛的速度，如果稍不留神，就会被其所伤害。

野狗在中国、缅甸、越南、泰国、菲律宾、柬埔寨、印度、老挝、印度尼西亚、马来西亚、巴布亚新几内亚均有分布，野狗遍及于澳洲北部、中部和西部的森林、平原和山地，在澳洲的中部，它们主要在牧场主为牛打的深井附近出没。在亚洲，野狗通常都生活在村庄附近，人们可以给它们提供食物和遮风挡雨的地方，让它们为自己看护家院。

由于野狗群落中有严格的等级制度，所以每个群只有一对有统治权的野狗才能繁殖后代，其他野狗都得帮助首领共同抚育幼崽。母首领有时候会杀死不是它亲生的幼崽，繁殖季节主要是依据纬度和季节的变化而有所不同，每年只繁殖一胎。

野狗在 3～4 月间发情交配，而亚洲种群则可能会推迟到 8～9 月，母狗的妊娠期平均为 63 天，每胎 1～10 仔，通常 4～5 仔，幼狗由全体成员悉心照料，到了三个星期后，小狗会学着第一次走出洞穴。在出生八周后，小狗就会彻底断奶而离开洞穴。在成年犬的陪伴下，在离洞穴 3 千米以内的范围进行漫游散步。在 9～12 个星期大时，小狗会吃群体中的成年犬为它们带来的大块固体食物，通常大狗把食物整块吞下再反刍给小狗。哺乳期约 2 个月，3～4 个月大时即可独立活动，2 岁左右性成熟，平均寿命 10 年，圈养最高记录达到 15 年。

现在纯种的野狗已经非常稀少了，最主要的原因是野生的野狗和家养的狗混血的情况非常严重。

知识窗

·泰迪犬·

泰迪犬其实是贵宾犬的一种。贵宾是法国品种，一度被用作猎水鸟，19 世纪和 20 世纪该品种达到其发展的顶峰，用作打猎、表演和陪伴。根据体型大小被分为四类，最受欢迎的是体型较小的品种迷你贵宾犬和玩具贵宾犬。其中玩具贵宾犬是体型最小的一种，个性好动、欢快、非常机警、聪明、喜欢外出、性格脾气好、适应力强。贵宾犬不脱毛，是极好的宠物犬。如果红色玩具贵宾犬不剃胡须和嘴边的毛可以长成动漫画里面泰迪熊的模样所以红色（褐色）玩具贵宾犬又叫"泰迪熊"。

拓展思考

狗睡觉时为什么总把一只耳朵贴着地面？

生活在森林草原中的动物

狼

Lang

狼是一种群居性非常高的物种，是野兽之一，在生物链中，属于上层的掠食者，通常都是群体行动。狼曾经在全世界广泛分布，不过目前主要只出现于亚洲、欧洲、北美和中东。

它们的外形与狗非常相像，但嘴比较尖，耳朵是直立的，尾巴下垂。毛通常为黄褐色，两颊有白斑。天性狡猾凶狠，昼伏夜出，捕食野生动物，有时候也会

※ 狼

伤害人和家畜。由于狼会捕食羊等家畜，所以在 20 世纪末期前都被人类大量捕杀，一些亚种如日本狼等都已经绝种。狼是以肉食为主的杂食性动物，是生物链中最关键的一节。为了使生物链能更好地继续下去，我们要爱护好随时都有可能灭绝的稀有物种。

狼的外形分为三种：小（郊狼）、中（森林狼）、大（草原狼），吻尖长，眼角微上挑。由于它们的产地和基因的不同，所以其毛色也有所不同。常见的有灰黄两色，还有黑红白等色，个别还有紫蓝等色，胸腹毛色比较浅。腿细长但强壮，很善于奔跑。灰狼的体重和体型大小各地区不一样，随纬度的增加而有所增加。狼有强大的背部和腿部，能有效地舒展奔跑，所以狼群适合长途迁行捕猎。

狼群中，狼的数量大约在 5 到 12 只之间，到冬天寒冷的时候最多可到 40 只左右，而且它们的分类也有几种方式。以家庭为单位的家庭狼通常是由一对比较优秀的对偶领导，而以兄弟姐妹为一群的则以最强的一头狼为领导。狼群的活动范围具有领域性，如果一个群内个体数量有增加，则领域范围会缩小。群与群之间的领域范围不重叠，会以嚎声向其他群宣告范围。幼狼成长后，会留在群内照顾弟妹，也可能继承群内的优势地位，有的也会自己迁移出去（大都为雄狼），而在一些情况下还会出现迁

徙狼，以上百头为一群，有来自不同家庭等级的各类狼，各个小团体原狼首领会成为头狼，头狼中最出众的那头就会成为狼王。野生的狼一般可以活12～16年，人工饲养的狼有的可以活到20年左右。奔跑速度极快，可达55千米左右，持久性也很好。它们有的能力是非常强的，可以以速度10千米/小时的速度长时间奔跑，并能以高达近65千米/小时速度追猎冲刺。如果是长跑，它们的速度会超过猎豹。它们的智能也很高，可以用气味和叫声相互沟通。

由于狼是成群生活，所以雌雄性也分为不同的等级，占统治地位的雄狼和雌狼可以随心所欲地进行交配繁殖，地位低下的个体则不能自由选择。处在低海拔的狼是在1月交配的，而处在高海拔的狼则是在4月进行交配。雌狼产子是在地下洞穴中，雌狼大约要经过61天的怀孕期，生下3～9只的小狼，有时候也有生十几只的。小狼在两周后就可以睁眼，五周后断奶，八周后被带到狼群聚集处。而没有自卫能力的小狼，要在洞穴里过一段日子，公狼负责猎取食物。小狼的吃奶时期大约有5～6月之久，但是一个半月后也可以吃些碎肉，三四个月大的小狼就可以跟随父母一同去猎食。半年后，小狼就学会自己找食物吃了。狼的寿命大约是12～14年。在群体中成长的小狼，不仅会受到父母的呵护，而且，族群的其他分子也会对它倍加爱护。狼和非洲土狼会将杀死的猎物，撕咬成碎片，吃下腹内，等回到小狼身边时，再吐出食物反哺。有时候赤狼也会在族群中造一育儿所，将小狼集中到一块进行养育，由母赤狼进行轮流抚育小狼，谁都是任劳任怨的。

▶知识窗

·狼锲而不舍的精神·

狼曾是世界上分布最广的野生动物。它们只按自己的社会秩序和生活方式生存，正因为这种坚持，它们付出了惨重的代价，几乎从地球上灭绝，然而它们仍锲而不舍，自由地在更为遥远偏僻的地方游荡，哪怕需要去适应更为严酷的气候和更为恶劣的环境。狼群中往往有一条地位最低的狼，它是狼群中最为弱小的一个，在各方面，它都被搁置于最末，但如果这条狼得以生存下来，却往往能够成为狼群中优秀的头狼。因为锲而不舍的精神使它接受过更大的磨砺，使它积累了更为完善的技能。

|拓展思考|

狼图腾说的是怎样的一个故事？

生活在森林草原中的动物

角 马

Jiao Ma

角马在生物分类学上，属于牛科的狷羚亚科的角马属。又可被称为牛羚，是一种生活在非洲草原上的大型羚羊。角马主要分布于非洲中部和东南部，从肯尼亚南部到南非、从莫桑比克到纳米比亚再到安哥拉南部都有；在非洲的热带大草原上黑尾角马的数量最多，它们的适应环境的能力比较强。

※ 角马

白尾角马，或黑角马，身体为棕黑色，口鼻和脖子以及前腿间长着长而黑的鬃毛。因为它的皮毛和尾巴（用作驱蝇掸），它曾被捕杀到几乎灭绝，但如今在西南非洲的几个保护区中得到保护。稍微大一点的有斑角马（也称作蓝角马和白须角马，长着黑色的脸、鬃毛和尾巴。身上有深色斑纹（银灰色有褐色条纹）。有斑角马原产于非洲的中部和东南部，并没有濒临灭绝。

角马的头粗大而且肩比较宽，很像是大水牛；其后部纤细，有点像马；颈部有黑色鬣毛。全身长有长长的毛，光滑并有短短的斑纹。全身从蓝灰到暗褐色，有黑色的脸、尾巴、胡须和斑纹，颜色也因亚种、性别和季节的不同而有所不同。角马有飘垂的鬃须，尾都是成团生长，雌雄两性都有弯角，雄性的又宽又厚，非常光滑，一般雄性角长 55～80 厘米，雌性角长 45～63 厘米，角马由此得名。雄性角马重 200～274 千克，高 125～145 厘米，雌性角马重 168～233 千克，高 115～142 厘米。

而非洲的角马长得很像牛，它们生活在非洲的东部和南部。在多雨的季节，常常可以看到一望无际的草原上散布着一匹匹的非洲角马。一旦到了干旱季节，它们就是离开这里，成群结队地去寻找新鲜的食物，每天要走很长的路。

角马主要采食草、树叶及花蕾等，一般都是在白天活动。在上午和傍晚时分，经常可以看到角马在行进中采食，晨昏时期则比较活跃。由于它们食用的植物种类有上百种，因此具有多方面的营养，有些是天然的中草药，有止泻驱虫的功能，能抵御疾病，它还喜爱舔舐岩盐、硝盐或喝盐水以满足自身的需要，因此林中含盐较多的地方，常是牛群集聚最多的地方。它们非常怕热，但却不怕寒冷。

角马也是一种群居性的动物，在夏天时种群数量是非常大的，可扩充到 100 头以上，到冬天，它们会组成小规模的种群。而年长的公角马则基本上为独居。每群角马都是由一只成年的雄牛统领，牛群活动时，由强壮个体领头和压阵，其他成员在中间一个挨着一个地跟在后边行走。在平时活动时，牛群一般有一只强壮者站在高处瞭望放哨，如果遭到侵害，领头的牛就会率领牛群冲向前去，气势看起来非常大，直到脱离困境为止。

角马的繁殖期主要发生在集体迁徙的途中，所以说是比较特殊的。每当大角马群停下来，雄性便会把雌性都赶到一起，把头抬得高高的，绕着它们奔跑，并且与其他竞争的雄性争斗。这样的群体只能持续几天。当大群体再次开始前进时，它们就解散了。在充足的雨季时节，幼仔便会出生。

▶ **知 识 窗**

·独角马·

关于独角马的记载，最早见于公元前世纪，但是到了中世纪的时期，这种传说中的动物才真正为人们所熟知。经常有人声称，他们看到白色的独角兽站立在高山之巅。

独角马的角一直被认为是具有魔力的神物，能够防止瘟疫和各种疾病。在中世纪的欧洲，人们用各种动物的角制成粉末，当作独角马的角高价出售。但直到 1577 年，才有人发现了完整的"独角马"的角。那是由 Martin Frobisher 率领的从英格兰到北美的探险船队在海中，他们捕获了长有长角的独角鲸。由于传说中的独角马经常出没在海边，独角鲸便被误认为传说中的神兽。独角被献给当时的伊丽莎白一世并当作珍宝收藏起来。

拓展思考

马为什么站着睡觉？

生活在森林草原中的动物

鸵 鸟

Tuo Niao

※ 鸵鸟

在现代的鸟类中，鸵鸟是最大的一种。它虽然不会飞，但善于奔跑，并且速度非常快。最大的特征就是脖子长而没有毛、头比较小、脚二趾。雄鸟比较高大，而雌鸟比较偏小。雄鸟黑色，尾羽白色；雌鸟灰褐色，是非常有价值的装饰羽毛。它们一般都是由雄鸟带领几只雌鸟群居，鸵鸟是走禽类，生活在非洲沙漠地带和荒漠、草原。

鸵鸟的头不仅小，而且宽扁平，它的颈长而灵活，裸露的头部、颈部以及腿部通常呈淡粉红色；喙直而短，尖端为扁圆状；眼大，继承鸟类特征，其视力也是比较好的，具有很粗的黑色睫毛。它们的后肢很粗大，只有两趾，是鸟类中趾数最少者，内趾则比较大，具有坚硬的爪，外趾就没有爪。后肢强而有力，除了用它来奔跑外，还可用它进行攻击。它们的翼相当大，但不能飞翔，主要是因为胸骨扁平，不像龙骨一样突起，锁骨退化，羽毛分布比较均匀，羽区和裸区没有分别，羽毛蓬松不发达，缺少分化，羽枝上无小钩，因而不形成羽片，所以，这样的羽毛是用来保温的。

雌性的毛色与雄鸟基本上是一样的，只是毛色棕灰不像雄鸟那样亮丽。幼鸟的羽色棕灰斑驳，须经数次换羽，到 2 岁时才能达到成鸟的羽色，此毛色主要是为了便于伪装。雄雌幼雏长得非常相像，甚至年轻的鸵鸟也都差不多，到目前为止仍无法从外貌分辨雌雄，只能从性器官去区别。

雄性成年的鸵鸟全身大多为黑色，翼端及尾羽末端的羽毛均为白色，呈现出美丽的波浪状，白色的翅膀及尾羽衬托着黑色的羽毛，更好地衬托了雄鸟，它的翅膀及羽色主要是用来求偶的。

鸵鸟虽然没有牙齿，但它的胃却是不同寻常的，会吞下大量的石子，以便用它们来弄碎食物帮助消化，然而石子会留在胃里不排泄。

由于它们有开阔的步伐、长而灵活的脖子，使它们能有准备地啄到食物，所以鸵鸟的采食效率也是非常高的，鸵鸟主要吃植物的叶、花、果实和种子等，有时也吃小动物，是杂食性的。鸵鸟在啄食时会先把食物聚集在食道上方，形成一个食球后，再缓慢地经过颈部的食道将其吞下。由于鸵鸟啄食时必须将头部低下，很容易遭受掠食者的攻击，所以在觅食时不停地抬起头来四处张望。

在一般情况下，鸵鸟都是过着游牧般的群居生活，平时三五成群地生活，多则达到二十余只栖息在一起。经常与羚羊、斑马在同一地区出现，这些动物利用鸵鸟的敏锐眼力，用来作警告。鸵鸟可以很长时间不喝水，主要借助摄取植物中的水分来生活。它们是非常喜欢水的，常常到岸边洗澡。

鸵鸟在非洲低降雨量的干燥地区广泛分布，在新生代第三纪时，鸵鸟曾广泛分布于欧亚大陆，在我国著名的北京人产地——周口店不仅发现过鸵鸟蛋化石，还发现有腿骨化石。近代曾分布于非洲、叙利亚与阿拉伯半岛，但现今叙利亚与阿拉伯半岛上的鸵鸟均已绝迹；它们的分布是萨哈拉沙漠往南一直到整个非洲，而澳洲则于西元 1862～1869 年引进，在东南部形成新的栖息地。

鸵鸟的交配季节在每年的三四月到九月，在 2～4 岁一般就达到了性成熟，雌鸵鸟还要比雄鸵鸟早 6 个月。交配过程也是很特别的，由一群雌鸵鸟进行打斗，根据胜利的顺序排定与雄鸵鸟的交配顺序。

现在已知世界上最大的鸟蛋就是鸵鸟蛋，其重量可达 1.3 千克，但其实鸵鸟蛋相对鸵鸟的身体而言比例是所有鸟中最小的，雌鸟下蛋的鸟巢中可以容纳 15～60 枚这样大小的蛋。颜色为光亮的白色，鸟蛋白天由雌鸟孵化，晚上则由雄鸟孵化，孕期一般为 35～45 天。

鸵鸟的寿命为 30～70 年，平均为 50 年左右。

生活在森林草原中的动物

▶知 识 窗

·鸵鸟心态·

"鸵鸟心态"是一种逃避现实的心理,也是一种不敢面对问题的懦弱行为。心理学通过研究发现,现代人面对压力大多会采取回避态度,明知问题即将发生也不去想对策,结果只会使问题更趋复杂、更难处理。就像鸵鸟被逼得走投无路时,就把头钻进沙子里,与"鸵鸟心态"类似的说法,即"掩耳盗铃"或"视而不见"。

| 拓展思考 |

"鸵鸟心态"的危害是什么?

犀 牛

Xi Niu

犀牛是最大的奇蹄目动物，是哺乳类犀牛科的总称，同时它也是仅次于大象的、较大的陆地动物。除白犀牛外，现存的 4 属 5 种的犀牛都濒临绝种，其中以爪哇犀牛的数目最少，约 50 头左右；而黑犀牛也只有 1 万到 3 万头左右。

※ 犀牛

犀牛的身体看起来就好像是一个大盔甲，最长达超过 4 米，重达 6 吨。所有犀类基本上都是腿短、躯体粗壮，肥大而笨拙，皮厚而且粗糙，肩腰处有褶皱排列；毛被稀少而硬，有的大部分没有毛；耳朵是卵圆形，头大而长，脖子粗短，长唇伸出外面；头部有实心的独角或双角（有的雌性没有角），角脱落可以重生；没有犬齿；尾细而短，身体呈黄褐、褐、黑或灰色。犀牛是有蹄动物，前脚和后脚都有 3 个趾头。

犀牛睡觉的姿势很特殊，它们有时卧倒，也有时站着就能入睡。它们主要是利用声音来交流。它们用鼻子哼、咆哮、怒号，打架时还会发出呼噜声和尖叫声。公犀牛和母犀牛在求偶时都会吹口哨。

犀牛大多数都生存于开阔的草地，稀树草原，灌木林或沼泽地，它们都是草食性动物，有的还吃一些水果、树叶、树枝和稻米等。白犀牛和黑犀牛虽然都主要采食非洲大草原的牧草，但它们的饮食方法却截然不同。白犀牛的上唇很宽，可以吃矮小的草；而黑犀牛的唇比较突出，能采集嫩枝再用前臼齿咬断。它们之所以可以共同生活在非洲大草原上，正是由于这两种犀牛的饮食方法有所区别。

黑犀牛过去主要生活在撒哈拉沙漠南部的非洲地区，现代它们却分散在非洲中部，南部和东南部。白犀牛主要生存在南部非洲，只有一小部分在非洲中部和东部。

而爪哇犀牛则以茂密的东南亚热带雨林为家，它们过去生活在中国西南到孟加拉再到印尼的大片地区之间，现在只分布在越南和印尼的爪哇岛。

苏门答腊犀牛也只剩下一小部分生活在马来西亚半岛和印尼的苏门答腊。

印度犀牛则生活在印度和尼泊尔的保护区。

亚洲的犀牛有单角的印度犀牛、爪哇犀牛和两只角、全身长毛，最原始的苏门答腊犀牛，而印度犀牛是犀牛类中体型最大的种类。爪哇犀牛比印度的犀牛要小，因犀牛的角为珍贵的中药材，因此被大量滥杀，数目正在日渐减少，其中属于祖先型的苏门答腊犀牛，几乎已完全见不到踪迹了。

非洲有白犀牛和黑犀牛两种，它们都是双角，白犀牛体型比黑犀牛大，白犀牛是现有犀牛中最进化的一种，在草原上由3～4头组成家庭族群，以草为主食，据说幼犀在食草之前的一段时期内，以吃父母的粪便来维持生计。黑犀牛喜欢居住在灌木丛中，单独生活，以小树枝及树叶为生。由于白犀牛喜欢吃草，所以它们的嘴的形态和马一样已变得十分扁平。而黑犀牛的嘴特化为适合折断树枝的尖吻。

犀牛到了繁殖季节时，一对犀牛可能要在一起生活4个月，孕期为15～18个月。母犀牛每3～4年才生一只小犀牛，幼犀出生后约半个小时才能站立，一个多小时后开始哺乳。一直跟随母犀在一起到下一只幼犀出生。小犀牛重达100千克，寿命可达50年。

▶ 知 识 窗

·犀牛鸟·

凶猛的非洲鳄鱼有牙签鸟类做朋友，无独有偶，凶猛的非洲犀牛也有自己的鸟类朋友，这就是犀牛鸟。

一头犀牛足有好几吨重，它皮肤坚厚，如同披着一身刀枪不入的铠甲，头部那碗口般大的一支长角，任何猛兽被它一顶都要完蛋。据说犀牛发起性子的时候，别说是狮子，就连大象也要避让三分。这样粗暴的家伙，怎么和体形像画眉般大小的犀牛鸟成了"知心朋友"呢？

原来，犀牛的皮肤虽然坚厚，可是皮肤皱褶之间却又嫩又薄，一些体外寄生虫和吸血的蚊虫便趁虚而入，从这里把它们的口器刺进去，吸食犀牛的血液。犀牛又痒又痛，可除了往自己身上涂泥能多少防御一点这些昆虫叮咬外，再没有别的好办法来赶走、消灭这些讨厌的害虫。而犀牛鸟正是捕虫的好手，它们成群地落在犀牛背上，不断地啄食着那些企图吸犀牛血的害虫。犀牛浑身舒服，自然很欢迎这些会飞的小伙伴来帮忙。

| 拓展思考 |

犀牛的鼻子上为什么长角？

猎豹
Lie Bao

目前世界上在陆地上奔跑得最快的动物——猎豹，每小时可达 115 千米。是食肉目猫科猎豹属的单型种，主要以羚羊等中、小型动物为食。猎豹的伪皮毛很珍贵，人类大量地肆意捕杀，数量急剧减少，已面临着绝迹的危险。猎豹的生活比较有规律，通常是日出而作，日落而息，现分布于非洲。

猎豹的躯干长是 1～1.5 米、尾长是 0.6～0.8 米、肩高是 0.7～0.9 米、体重一般是 50 千克。雄猎豹的体型略微大于雌猎豹，猎豹背部的颜色是淡黄色。它腹部的颜色比较浅，通常是白色的。它全身都有黑色的斑点，从嘴角到眼角有一道黑色的条纹，这个条纹就是我们用来区别猎豹与豹的一个特征。

※ 猎豹

猎豹与豹相比，体形很相似，身材比豹要瘦削，四肢要细长，还有一条长尾巴。它们的头比较小，鼻子两边各有一条明显的黑色条纹从眼角处一直延伸到嘴边，如同两条泪痕。猎豹的毛发呈浅金色，上面点缀有黑色的圆形斑点，背上还长有一条像鬃毛一样的毛发。猎豹的爪子有些类似狗爪，因为它们不能像其他猫科动物一样把爪子完全收回肉垫里，而是只能收回一半。

早晨五点钟前后，猎豹开始出来寻找食物，它们行走的时候比较警觉，会不时地停下来东张西望，看看有没有可以捕食的猎物，同时也防止其他的猛兽捕食它。它一般是午间休息，午睡的时候，它每隔 6 分钟就要起来查看一下，看看周围有什么危险。猎豹每一次只捕杀一只猎物，每一天行走的距离就是大概 5 千米、最多走十多千米。虽然它善于跑，但是它行走的距离并不太远。

猎豹是一种同性集群体，也就是说同性别的个体待在一块，在野生的猎豹群里面，一般分为雄性个体群，也就是单身汉群和雌性群。另外，还有母子群，雄性除了在繁殖季节，它一般是单独生活的，或者是两只、三只雄性个体待在一块，和雌性个体不生活在一起。等过了交配期，怀孕的雌性个体就会形成一个单独的群体，自己在外捕食生长，当小仔产下后，也会带着它们一起活动。而且也会教小仔们怎么捕食，等到雄性的小仔长大后，它们就会慢慢离开雌性的群体，开始自己新的生活。也可以是几只雄性个体在一起，组建自己的地盘，然后再进行自己的后代繁殖。

早在大约 1900 年时就有过统计，从非洲到亚洲，至少在 44 个国家发现超过 10 万头猎豹。但现在随着数量不断地锐减，仅约 20 多个国家有总数剩下约 9000 到 1.2 万头。其中大部分生活在非洲的 24～26 个国家，数量非常稀少。在伊朗大约 200 多头，猎豹已经被 CITES 列在濒临绝种的动物，是受最大威胁的物种之一。

20 世纪前，猎豹从非洲到亚洲分布广泛。在所有适合的栖息地差不多都可以看到，从好望角到地中海，从以色列经过前苏联南方的省份直到印度。但今天由于栖息地的丧失和人类的滥捕，亚洲猎豹几乎绝种，1952 年在印度宣布绝种，最后的报道是 1956 年在以色列。如今亚洲唯一证实的猎豹仅存于伊朗，大约 200 多头，不仅稀少而且是孤立的族群。

雌猎豹通常在 20～24 个月时发育到性成熟，交配期可能从一天延长到一周。雌猎豹的怀孕期是 90 到 95 天，之后可以生下最多 6 只猎豹宝宝。它会找一处僻静、隐秘的地点、多在草长的矮树下或岩石堆间。幼豹出生时体重在 150～300 克。母猎豹约在 16～18 个月后离开子女，进行另外繁殖，重新开始整个过程。幼豹们便会彼此一起生活几个月，通常等到雌豹长到性成熟后，开始自己新的生活。

·长丰猎豹系列车·

　　长丰集团的主导产品为猎豹系列轻型越野汽车、汽车动力转向器、汽车仪表台、碳素纤维制造汽车橡胶件、汽车沙发座椅、军械修理。

　　在产品结构调整方面，引进了日本三菱汽车公司 PAJERO 轻型越野汽车制造技术，并将引进技术消化、吸收、创新，对"猎豹"汽车生产线进行了技术改造，现已形成年产 30000 万辆轻型越野汽车的生产能力该产品科技含量高，价格性能比高，并已装备军队，拥有广阔的 市场。

　　整车外形为世界顶尖级一流设计，呈流线型的外壳更不同于般的造型。精确、合理的转角与凹凸部集中体现了当代越野汽车高科技的典范，更加富于风驰电掣的动感。

　　犹如一件巧夺天工、精心制作的现代艺术品，外形爽朗至极，耀眼的车体，宽敞、舒适的空间，根据人体背部不同的曲线，设计出适合任何人坐靠的座椅，给您以高品质的感受。

生活在森林草原中的动物

爬

第七章

行类和两栖类动物

　　爬行动物是统治陆地时间最长的动物，所谓的爬行动物是指能够真正摆脱对水的依赖而征服陆地的脊椎动物，它们可以适应各种不同的陆地生活环境。在那个时代，爬行动物统治着陆地、海洋、天空，地球上没有任何一类其他生物有过如此辉煌的历史。

　　两栖动物的名字来源是希腊文中的"和"，这是因为它们可以同时生活在陆上和水中。两栖动物是地球上第一种呼吸空气的陆生脊椎动物，由化石可以推断，它们出现在3.6亿年前的泥盆纪后期。直接由鱼类演化而来，这些动物的出现代表了从水生到陆生的过渡期。两栖动物生命的初期有鳃，当成长为成虫时逐渐演变为肺。

蜥蜴

Xi Yi

蜥蜴也称"四足蛇"，还有人叫它"蛇舅母"，是一种很常见的爬行类动物。蜥蜴，英文名称 Lizard。它属于冷血类爬行动物，它是由出现在三叠纪时期早期的爬虫类动物演化而来的。蜥蜴大部分种群都是靠产卵繁衍后代，但也有些种类已进化到可以直接生出幼小的蜥蜴。蜥蜴和蛇的关系十分亲密，而且也是近亲关系，二者有许多相似的地方，例如，都是全身覆盖这一层角质性鳞片，泄殖肛孔都是一横裂，雄性都有一对交接器，都是以卵生的方法繁衍后代等。在全世界 6000 种蜥蜴中，已知有毒的蜥蜴只有两种，都是隶属于毒蜥科，且都分布在北美及中美洲地区。

蜥蜴的类型也可分为白昼活动、夜晚活动与晨昏活动三种类型，不同蜥蜴活动类型的形成，主要取决于蜥蜴所食用的食物对象，它的活动习性及一些其他自然因素影响。蜥蜴是一种变温性动物，在温带及寒带生活的蜥蜴在冬季时会进入休眠状态，从而度过寒冷的冬季。在热带生活的蜥蜴，由于气候温暖适宜，可以终年进行活动。但是生活在特别炎热和干燥地方的蜥蜴，也会在出现极端天气时，出现夏眠的现象，用以度过高温干燥和食物缺乏的恶劣气候环境。

大多数的蜥蜴都是肉食性动物，主要是食用各种昆虫为主。壁虎类的蜥蜴喜欢在夜晚活动，以鳞翅目等昆虫为食物。体型较大的蜥蜴如大壁虎就以小鸟和其他类小型的蜥蜴为食物。巨蜥则是食用鱼、蛙，或是捕食小型哺乳动物为食。也有一部分蜥蜴如鬣蜥以食用植物为主要食物。由于大多数种类的蜥蜴都是以捕吃昆虫喂食，所以说蜥蜴在控制害虫方面所起的作用是不可低估的。也有很多人以为蜥蜴是有毒动物，这是不对的。

※ 蜥蜴

一般情况下，单独蜥蜴的活动范围基本上都具有很强的局限性。树栖性蜥蜴每天的活动范围也就只在几株树之间。据有关研究只在地面活动的蜥蜴，如多线南蜥，它的活动范围平均在 1000 平方米左右。有的蜥蜴种类在活动范围方面还表现出年龄的差异。如蝾螈大多都孵化在水中，孵化后也只在附近的水域活动，只有到了成年，才会转移到较远的林中活动。

大多数种类的蜥蜴都是以卵生的方式繁衍后代，蜥蜴都会在每年的夏季进行交配、产卵，一般蜥蜴都会将卵产于较温暖、潮湿，并且比较隐蔽的地方。每一次大约会产一二枚到十几枚不等的卵。卵体的大小与该种类蜥蜴个体的大小有直接的关系。壁虎科类的蜥蜴所产的卵比较圆，卵壳中的钙质较多，壳质坚硬易脆。其他种类的蜥蜴所产的卵体则使多为长椭圆形，壳革质而柔韧。

在每年的春末夏初都是蜥蜴进行交配、繁殖后代的繁忙时期，在蜥蜴类中，所有的雄性都具有一对用于繁殖交配的交接器，这个交接器是用于蜥蜴的交配受精。蜥蜴中个别种类雄性的精子可在雌体内保持活力数年，交配一次后可连续数年产出受精卵。蜥蜴一般每年只繁殖一次。但在处于热带温暖潮湿环境中的一些蜥蜴种类，如岛蜥、多线南蜥、蝎虎、疣尾蜥虎与截趾虎等蜥蜴，则可以终年进行繁殖生育。

另外，还有一些比较特别的蜥蜴种类，这些蜥蜴中只存在雌性个体，经过科学家的研究显示，它们是行孤雌繁殖的种类。这类蜥蜴的染色体是异倍体。蜥蜴中正常的两性繁殖种类，在一些特定的环境条件下也会改行孤雌繁殖。据有关研究表明，孤雌繁殖可以使蜥蜴家庭中的全体成员都参与到繁殖后代的行动中来，这样有利于蜥蜴的种群迅速扩大，从而占据生存领域的高峰。

到现在为止，蜥蜴的寿命还没有一个确切的定论。但是根据动物园蜥蜴饲养的资料表明，飞蜥的寿命一般在 2～3 年，岛蜥的寿命在 4 年，多线南蜥的寿命在 5 年，巨蜥的寿命在 12 年，毒蜥的寿命在 25 年，最长的生命纪录保持者大概就是一种蛇蜥了，一般寿命都在 54 年。这些数字并不完全反映自然界蜥蜴生命的真实情况，但是可以作为参考。

许多蜥蜴在遭遇敌害或受到严重干扰时，常常会把尾巴断掉，它们利用断尾不停跳动吸引敌害的注意，这样就可以使自己迅速逃跑。这是蜥蜴逃避敌害的自我保护的一种习惯性表现，被称为自截。蜥蜴尾巴的自截切面可在尾巴的每一个部位发生，但断尾的地方发生于同一椎体中部的特殊软骨横隔处，并不是在两个尾椎骨之间的关节处。这种特殊横隔构造在蜥蜴尾椎骨的骨化过程中形成，因尾部肌肉强烈收缩而断开。软骨横隔的细胞终生保持胚胎组织的特性，可以不断分化。所以尾断开后又可自该处再生出一新的尾巴。再生尾中没有分节的尾椎骨，而只是一根连续的骨棱，鳞片的排列及构造也与原尾巴不同。有时候，尾巴并未完全断掉，于是，软骨横隔自伤处不断分化再生，产生另一只甚至两只尾巴，形成分叉尾的现象。我国所具有的蜥蜴种类中壁虎科、蛇蜥科、蜥蜴科及石龙子科的蜥蜴，都具有尾巴自截与再生的这种能力。

蜥蜴皮肤的变色能力也是非常强的，特别是避役类的蜥蜴以其善于变色的功能获得"变色龙"的美称。我国大多数的树蜥与龙蜥的种类中，也具有变色能力，其中变色树蜥处于阳光照射的干燥地方时，会使通身颜色变浅而仅头颈部发红。当处于阴湿地方时，头颈部的红色就会逐渐消失，通身颜色逐渐变暗。蜥蜴的变色并不是一种随意的生理行为变化。它受到光照的强弱、温度的改变、动物本身的兴奋程度以及个体的健康状况等因素的制约。

另外，大多数蜥蜴也都是可以发出声音的，壁虎类蜥蜴是一个例外。蜥蜴中不少种类都可以发出洪亮的声音，如蛤蚧的嘶鸣声可以清晰的传播到数米之外。而壁虎的这种叫声并不是用来寻偶的表示，主要可能是一种为了警戒或是占有领域的信号表现方式。

▶ 知 识 窗

·蜥蜴人·

在美国，有人宣称见到了"蜥蜴人"。在美国南卡罗来纳州比维尔市郊的沼泽地区，人们 12 次目击一种半人半兽的"蜥蜴人"，它的身高达 2 米，有一对红眼睛，全身披满厚厚的绿色鳞甲，每只手仅有 3 根手指，直立行走，力气很大，能轻易掀翻汽车，跑起来比汽车还快，每小时可达 65 千米。

生活在森林草原中的动物

鳄鱼

E Yu

鳄鱼不是鱼，是属脊椎动物爬行虫纲中的一种，是远古恐龙现存的唯一后代。是对广泛分布在世界各地鳄目类的动物统称。鳄是现存自然生物中最古老的爬虫类动物，与史前时代的恐龙有很大的血缘关系。同时，有研究发现鳄还是现代鸟类最近亲缘种。各种大量的鳄化石已被发现，其中鳄目的 4 个亚目中已经有 3 个亚目已经绝灭。根据这些古鳄化石的纪录，可以了解鳄和其他有脊椎动物间的亲密关系。通常鳄目的动物是指体形巨大、行动笨重的爬行类动物，外表和蜥蜴的外形稍有类似，属肉食性动物。

鳄鱼属于脊椎类爬行动物，主要分布于热带到亚热带的河川、湖泊、海岸中。鳄鱼科属中的鳄鱼种类最多，现存的鳄鱼类共有 20 余种，它们大都性情凶猛暴戾，喜欢以鱼类和蛙类等小动物为食，有时甚至噬杀人畜。

鳄鱼的身体强而有力，口中长有许多锥形齿，腿短，有爪，趾间有蹼，尾长且厚重，外表皮很是厚中，并带有鳞甲。目前确认为鳄目的品种一共有 23 种。鳄鱼的身体全长一般在 6～7 米，体重大约有 1 吨重，有的湾鳄体长可达到 10 米，是现存的爬行类动物中体型最大的。

鳄鱼最具有代表性的就要数湾鳄了，湾鳄是鳄形目鳄科中的 1 种，又被称为海鳄。广泛分布于东南亚沿海直到澳大利亚北部的广大地区。湾鳄主要生活在海

※ 鳄鱼

湾里或远渡大海中。鳄鱼是到现在为止发现活着的最古老的、最原始的爬行动物，由两栖类的恐龙进化而来的，延续至今仍是两栖类，性情凶猛的爬行类动物，它最早是和恐龙生活在同时代的动物，恐龙不管是受环境的影响，还是自身原因的改变，都已灭种变成了化石，而鳄鱼还生龙活虎地活跃在大自然中，向世人证明它顽强的生命力。

据古生物学家发现鳄鱼最大的体长可达 12 米，体重约 10 吨，但是大部分的鳄鱼种类平均体长约 6 米，重约 1 吨。鳄鱼属于是肉食性动物，主要是以鱼类、水禽、野兔、蛙等动物为食。

鳄鱼在水中可以自由游动，也可以在陆地上自由活动。由于鳄鱼体胖力大，被称为是"爬虫类之王"。它在陆地上主要是用肺呼吸，由于其体内的氨基酸链结构比较发达，使其的供氧储氧能力较强，因此鳄鱼都具有长寿的特征。鳄鱼的平均寿命，一般都在 150 岁左右。

鳄鱼喜欢在淡水江河边的林阴、丘陵处营巢，它们喜欢距河约 4 米，以树叶丛荫构成的陆地上，用尾巴扫出一个 7～8 米的平台，台上建有直径 3 米的巢，用来安放要孵化的卵，每巢大约有 50 枚左右的卵；卵多为白色，每个卵约有 80×55 毫米的大小；在孵卵时，母鳄鱼守候在巢侧，时时甩尾巴洒水湿巢，使卵巢中保持 30℃～33℃ 的温度，经过 75～90 天孵化就可以孵出小鳄鱼了。一般雏鳄在出壳时，它的体长就在 240 毫米左右，1 年后就可长到 480 毫米，3 年可达 1156 毫米，重 5.2 千克左右。

鳄鱼主要是利用太阳热和杂草受湿发酵的热量对卵进行孵化的。幼鳄的性别是由孵化过程中的温度决定，但母鳄会平衡儿女的出生比例。它们通常都会把巢建在温度较高的向阳坡上，也有的会将巢建在温度较低的低凹遮蔽处。

鳄鱼性情凶猛不驯，成年后的鳄鱼经常潜伏在水下，只留眼鼻露出水面进行呼吸。鳄鱼的耳目灵敏，在受惊时，会迅速下沉到水底。鳄鱼喜欢在午后浮出水面晒日光浴，夜间鳄鱼的目光明亮，幼鳄的目光中带红光。鳄鱼在每年的 5～6 月份交配繁殖，它们可以连续数小时的交配，而受精的时间仅有 1～2 分钟；7～8 月份是鳄鱼的产卵期。雄鳄喜欢独占一片自己的领域，对闯入者实行驱斗。在鳄鱼的世界里通常都是一雄率拥群雌。鳄鱼的咀嚼力强，能碎裂硬甲，所以在平常的生活中，鳄鱼除去吃食鱼、蛙、虾、蟹等小型动物外，也吃小鳄、龟、鳖等带有坚硬外壳的动物。

鳄鱼是唯一存活至今的类恐龙类古生物，鳄鱼是冷血性的、卵生科动物。在长久的历史进程中，鳄鱼的身体没有多大的改变，是唯一可以在水陆中称霸的猎食者及清道夫。鳄鱼属于脊椎类两栖爬行动物。世界上现存的鳄鱼类有 20 余种，我国的扬子鳄、泰国的湾鳄以及逻罗鳄等都是比较有名的鳄鱼品种。广州市番禺养殖场是我国目前最大的鳄鱼养殖基地，该场占地面积近 70 公顷，拥有湾鳄、逻罗鳄、扬子鳄、南美短吻鳄等鳄鱼品种，共有约近 10 万条的鳄鱼。

到汉代，才知道我国的南方有鳄。具唐宋记载，在明清时节以后，在沿海岛屿就可以见到鳄鱼的出现。俗话说"鳄鱼的眼泪"，其实这是真的，鳄鱼真的会流眼泪，只不过那并不是因为它伤心，而是它在排泄体内多余的盐分。鳄鱼肾脏的排泄功能发育的并不完善，体内多余的盐分，要通过一种特殊的盐腺才能排泄出来。位于鳄鱼的眼睛附近正好有盐腺的存在。除鳄鱼外，在海龟、海蛇、海蜥和一些海鸟身上，也有类似的盐腺体。盐腺使这些动物能将从海水中食取的多余盐分排出体外，从而得到可以供身体吸收的淡水，而盐腺是它们天然的"海水淡化器"。

除了少数的鳄鱼生活在温带地区外，大多数的鳄鱼都生活在热带亚热带地区的河流，湖泊和多水的沼泽中，也有个别的种类生活在靠近海岸的浅滩中。在生活中有这样的一句话说"世上之王，莫如鳄鱼"，可以说鳄鱼的全身都是宝，鳄鱼也具有较好的观赏价值，同时还具有很强的药用保健功效。同时鳄鱼还是名贵的食用佳肴。所以世界上有一些国家积极推广发展鳄鱼养殖业。

之所以鳄鱼能从 1 亿年前存活到现在，主要是因为它是人们到现在为止所知道的对环境适应能力最强的动物。鳄鱼对环境超强的适应性主要表现在以下几个方面：

1. 鳄鱼的心脏能在鳄鱼捕猎时将大部分的富氧血液运送到尾部和头部，极大增强了鳄鱼的爆发力。

2. 鳄鱼的肝脏可在腹腔中前后移动，很好地调节自身的身体重心着重点。

3. 是爬行动物中，心脏最发达的动物。正常的爬行类动物只有 3 个心房，而鳄鱼的心脏有 4 个心房，近似达到了哺乳动物的水平。

4. 鳄鱼的大脑已经进化出了大脑皮层，因此鳄鱼的智商是不可估量的。

5. 鳄鱼的头部进化十分精巧。可以使鳄鱼在狩猎时可保证仅将眼耳鼻露出水面，极大地保持了自身的隐蔽性。

·法国鳄鱼·

　　Lacoste 是一间法国的服饰品牌公司，于 1933 年成立，销售高价的服饰、鞋子、香水、皮革制品、手表、眼镜和最负盛名的 Polo 衫，最著名的标志就是其绿色短吻鳄图样。

　　"鳄鱼"得名于法国著名网球选手拉科斯特，因他的长鼻子和富有进攻性，人们给他以鳄鱼的绰号。在三十年代，网球场上的标准穿着是白色法兰绒裤子，机织布纽扣衬衫，袖子卷起。

　　"鳄鱼"拉科斯特对这个传统提出了挑战，在比赛时穿上短袖针织衫，上面绣上鳄鱼标记。这种衣着在比赛中既舒服又美观短袖子解决了长袖卷挽经常掉下来的问题，领子柔软翻倒，针织棉套衫透气性好，而稍长些衬衫下摆塞在裤里可以防止衬衫滑脱出来。

　　拉科斯特从网坛退役后，"鳄鱼"运动衫开始进入批量生产和销售委托朋友缝纫加工，包括在左胸上绣鳄鱼标记，在当时还很少有衣服上绣标记。拉科斯特的名望使鳄鱼衬衫迅速推广，尤其是在美国。

拓展思考

鳄鱼龟的形态特征是什么？

Gui

龟是现存最古老的爬行动物，并不是人们所指的乌龟，它是泛指龟鳖目的所有成员。侧颈龟亚目种类现存的并不多，为现在龟种的 20% 左右，仅分布于南半球大陆。其中现存 2 科为蛇颈龟科，因其头长和颈长而得名。而侧颈龟科这一亚目的名称即来源于蛇颈龟科。隐颈龟亚目是现存龟种类的 1/3，地理分布范围较为广泛，与全部种

※ 龟

类的分布范围几乎相同。隐颈龟亚目的最大科是水龟科，多分布于美国东半部，多为水栖或半水栖。其次是龟科，其种类约为水龟科的 1/2。此外，隐颈龟类的其他科还有泥龟科、海龟科，其分布广泛，在全世界的温暖海水中均有分布；而至于鳄龟科，因其体型较大，所以具有很强的攻击性，一般常见于北美地区。

龟鳖目一个主要的特征就是，其身体的器官，如头、尾及四肢，都可以藏在保护壳内。无齿，行动缓慢，无攻击性，体长从 10 厘米至 2 米以上都有。由于其四肢粗壮，所以适于爬行，脚短或有桨状鳍肢（海龟），具有保护性骨壳，覆以角质甲片。壳分上、下部分，上、下两部两侧相连，其上半部称为背甲，下半部为胸甲。

现存的 200～250 种龟中，大多数为水栖或半水栖类，主要分布在热带或亚热带地区，在温带地区也有分布。有些龟是陆栖，少数栖于海洋，其余的生活于淡水中。龟以鲜嫩植物或小动物为食，或以两者为食。龟通常每年繁殖一次，其卵为白色，其形状有圆形和瘦长形，通常母龟在产卵后用后腿挖出一个洞，将卵产至于洞中。

龟的特征是身上长有非常坚固的甲壳，受袭击时龟可以把头、尾及四肢缩回龟壳内。大多数龟均为肉食性，以蠕虫、螺类、虾及小鱼等为食，

亦食植物的茎叶。龟是通常可以在陆上及水中生活，也有长时间在海中生活的海龟。在自然界中，龟是一种很长寿的动物，如果一个龟超过百年寿命是非常正常的一件事。

龟的外形相对来说是有些奇特的，四肢比较粗短，背上有一个坚硬的龟壳，头、尾和四肢都有鳞，其头、尾和四肢都能缩进龟壳中，为陆栖性动物。龟壳可熬制成龟胶，可做中药。有时把龟鳖目的棱皮龟科、海龟科动物也统称为龟类动物。棱皮龟科、海龟科为大型或中型的海龟，四肢变成桨状，产于热带、亚热带海洋中。它们的全身都是宝，肉中含有较多的脂肪，可制油，卵可食用，甲也可作中药。龟类的寿命是非常长的，有的可达 300 多年。象龟是一种比较常见的大型海龟，体长 1.5 米，重 200 千克，因体积较大，可承受较重的重量，固可以载人爬行。

龟是一种耐饥性很强的动物，可以数月不吃东西也不会被饿死。龟属一种半水栖、半陆栖性爬行动物，它们的主要栖息地是江河、湖泊、池塘。白天大都是陷居水中，夏日炎热时，便成群地寻找荫凉处。性情温和，彼此之间没有斗争的现象。遇到敌害或受惊吓时，便把头、四肢和尾缩入壳内。乌龟是杂食性动物，主要采食动物性的昆虫、蠕虫、小鱼、虾、螺、蚌、植物性的嫩叶、浮萍、瓜皮、麦粒、稻谷、杂草种子等。

同时，乌龟又是一种变温动物，到了冬季，如果水温在降到 10℃以下时，就开始冬眠。冬眠地点一般选择在水底淤泥中或有覆盖物的松土里，冬眠期时间大致从 11 月到次年的 4 月初。当温度逐渐升高，水温上升至 15℃时，乌龟便出穴活动，当水温达到 18℃～20℃时便开始摄食。

在我国，龟的分布范围较为广泛，除东北、西北各省（区）及西藏未见报道外，其他各地均有分布，尤以长江中下游各省分布最多。国外主要分布于日本、朝鲜。龟的适应性很强，但近几年来，由于环境的污染严重，龟的栖息地受到破坏，再加上人为过量捕食等情况，我国境内龟几乎处于濒危状态，但可以大量人工繁殖。

龟是一种很宝贵的动物，在为人类提供肉、蛋和龟甲时，又可以被人们当作当作宠物。全世界的现存的龟被分为两个亚目。一种是侧颈龟亚目，颈部弯向一侧将头缩入壳中，而另一种是隐颈龟亚目，头和颈可以一同缩入壳中。侧颈龟类现仅分布于南美洲、非洲、马达加斯加岛、澳大利亚、新几内亚和邻近岛屿。而隐颈龟的分布范围则更为广泛，除澳大利亚外的所有大陆均有分布。

▶知 识 窗

·中华草龟·

　　中华草龟俗称乌龟，是我国龟类中分布最广，数量最多的一种。全身是宝，是《神农本草经》《本草纲目》等奉为食补和药补的上上品。中国历来把其当作健康长寿的象征。在国际市场上，中华草龟十分畅销。日本、菲律宾以及欧美各国人民将其视为象征"吉祥，延年益寿"之物。

|拓展思考|

中华草龟的换水次数达到多少？

Rong Yuan

※ 蝾螈

蝾螈是一种良好的观赏动物，与蜥蜴的体形很相似，是有尾的两栖动物，人们往往会把两者搞混。蜥蜴体表有鳞，但蝾螈却没有。它包括北螈、蝾螈、大隐鳃鲵（一种大型的水栖蝾螈）。它们大部分栖息在淡水和沼泽地区，主要是北半球的温带区域。他们吸收水分主要是通过皮肤进行的，因此蝾螈需要居住在潮湿的环境里。

对于蝾螈雌雄的分辨要注意以下几点：雌体略大于雄体；但雄体比较活泼灵敏，相反雌体因其腹部肥大，行动较为迟缓；雄体泄殖腔孔隆起，特别在生殖季节，孔裂长，有明显绒毛状乳突，甚至向外凸出，而雌体的泄殖腔孔平伏，孔裂较短，无明显乳突。蝾螈身体短小，有4条腿，皮肤潮湿，大都有明亮的色彩和显眼的模样。中国大蝾螈体型最大，体长可达1.5米。蝾螈都有尾巴，但与蛙类不同，它们从一出生都长着一条长尾巴。

蝾螈的体长大约在6～8厘米，其外形由头、颈、躯干、四肢和尾5部分组成。蝾螈全身皮肤裸露，背部黑色或灰黑色，皮肤上分布着稍微突起的痣粒，腹部有不规则的橘红色斑块。蝾螈的颈部不明显，躯干较扁，四肢较发达，前肢四指，后肢五趾，指（趾）间无蹼，尾侧扁而长。蝾螈在水中活动时需借助躯干和尾巴不断弯曲摆动而前行，在水底和陆地上活动时则需要靠四肢爬行。蝾螈在成长的过程中有蜕皮的现象，一般是先从头顶部开始，然后再是躯干部、四肢和尾部蜕皮。

因为大多数的两栖动物都是通过体外受精的，蝾螈虽属于两栖动物，但它却是在体内受精的。蝾螈的交配行为也是相当特殊的，雄蝾螈在排精之前，不断地围绕在雌蝾螈后面游动，用吻端触及雌蝾螈的泄殖腔孔，同

生活在森林草原中的动物

时把尾向前弯曲，急速抖动。求偶成功之后，雌蝾螈随雄蝾螈而行，当雄蝾螈排出乳白色精包（或精子团），沉入水底粘附在附着物上时，雌螈紧随雄螈前进，恰好使泄殖腔孔触及精包的尖端，徐徐将精包的精子纳入泄殖腔内。精包膜遗留在附着物上。出生的卵粒外围有如胶状物质缠裹保护，以使幼体安然度过发育前期。

受精后的雌蝾螈会变得十分活跃，尾会高高地兴起，在过了 1 个小时后才可逐渐恢复常态。雌螈纳精 1 次或数次，可多次产出受精卵、直至产卵季节终了为止。在产卵时雌螈游至水面，用后肢将水草或叶片褶合在泄殖孔部位，将卵产于其间。每次产卵多为 1 粒，产后游至水底，稍停片刻再游到水面继续产卵；一般每天产 3～4 粒，最多时可达 27 粒，平均年产 220 余粒，最多可达 668 粒。一般情况下，这些卵要经 5～25 天孵出，孵出后的胚胎有 3 对羽状外鳃和 1 对平衡枝。

自然界的蝾螈与饲养的蝾螈产卵期是不一样的，前者一般在 3～4 月间，以 5 月份产卵最多，而后者会因为室温往往高于自然界温度，产卵期一般都要提前一个月左右。在 2～3 月间，气温达到 10℃以上时，大腹便便的雌蝾螈便开始产卵，以 4 月份为盛期，以后逐渐减少。

雌蝾螈产卵先是在水中选择一片水草叶，再用后肢将叶片夹拢，反复数次，最后将扁平的叶片卷成褶，以此包住其泄殖腔孔，静止 3～5 分钟后，受精卵即可产出，并包在叶内。雌蝾螈产卵后伏到水底，休息片刻又浮上来继续产卵，一般每次仅产一枚卵。所以说，它们产卵也是一件很有意思的事情

如果在各方面条件（水、氧和温度）适宜的情况下，受精卵会经过多次有规律地分裂，卵变成小蝌蚪。经过 2～3 天，蝌蚪慢慢长出前肢，随后再长出后肢，再过 3～4 个月，幼体发育完成，变成蝾螈。

从出生到发育成蝾螈，它所经历的一系列幼态发育的过程称为蜕变。陆栖蝾螈在陆地产卵，幼虫的发育发生在卵内。当幼仔孵化出来后，看上去就像成年的微缩版。而对于水栖蝾螈，在水中产卵，孵化后变成像蝌蚪样的幼虫，最终失去鳃。而有些蝾螈繁殖比较特殊，它们可以不产卵，直接生下完全成形的幼仔。

由于蝾螈是一种比较害羞的动物，所以通常都生活在一些潮湿的地下或水下。它们的皮肤光滑而又黏性，尾巴很长，头部很圆。它们中的许多种都是终生在水中生活，而其中又有一些种类完全生活在陆地上，甚至有些完全生活在潮湿黑暗的洞穴中。但不管是在什么地方生活，蝾螈大多数都是在水中产卵。

不管是在地表、树上还是陆地上，蝾螈都能用它短短的四肢缓慢地爬

行。更让人们想不到的是，它们还可以用前足或者趾尖在泥泞不堪的表面上行走，如池塘底部的淤泥。因为蝾螈可以借助摆动尾巴来加快行走速度，所以说蝾螈是非常厉害的。

大多数蝾螈是有毒的，且体色鲜明美丽，它们正是利用这种鲜艳夺目的颜色来告诫敌人的，于是那些蠢蠢欲动的侵犯者就会对它们敬而远之。当蛇向蝾螈发起进攻时，蝾螈的尾巴就会分泌出一种像胶一样的物质，它们用尾巴毫不留情地猛烈抽打蛇的头部，直到蛇的嘴巴被分泌物给粘住为止。有时会出现一条长蛇被蝾螈的黏液粘成一团，无法动弹的场面。而很多时候，蝾螈都可以靠这些黏液使自己脱离危险。

▶知 识 窗

·霸王蝾螈·

霸王蝾螈是一种蝾螈的远古物种。属于蝾螈科（Salamandridae），蝾螈属（Cynops），分布于欧洲、北美洲、日本，是目前最大的蝾螈分布地。

|拓展思考|

鬼吹灯里的霸王蝾螈是什么样的形状？

生活在森林草原中的动物

146

青 蛙

Qing Wa

青蛙分为蟾蜍和蛙，是水陆两栖动物。蛙的种类大约有 4800 种，绝大部分都在水中生活，也有部分生活在雨林潮湿环境的树上的。蛙虽为两栖动物，但不能完全脱离于水，因此繁衍后代还需要产卵于水中经过蝌蚪阶段。当然，也有树蛙是利用树洞中或植物叶根部积累残余的水洼就能使卵经过蝌蚪阶段的。2003 年在印度西部新发现一种"紫蛙"，常年生活在地底

※ 青蛙

的洞中，只有季风带来雨水时才出洞生育。而在我国广东广州荔湾区一带也发现一种"波动青蛙"，但它的外形比较像蟾蜍。蛙类和蟾类很难绝对地区分开，有的科如盘舌蟾科就即包括蛙类也有蟾类。但最新品种"波动青蛙"至今仍没有分类。

青蛙的成体没有尾巴，卵主要产于水中，卵化后变成蝌蚪用鳃呼吸，经过变态，成体主要用肺呼吸，但多数皮肤也有部分呼吸功能。蛙和蟾蜍之间的区别并不大，是一科中同时包括两种。一般来说，蟾蜍多在陆地生活，因此皮肤多粗糙；蛙体形较苗条，多善于游泳。两种体形相似，颈部不明显，无肋骨。前肢的尺骨与桡骨愈合，后肢的胫骨与腓骨愈合，因此爪不能灵活转动，但四肢的肌肉却很发达。

从蛙类的体积来看，最小的也只有 50 毫米，只相当一个人的大拇指长，大的也有 300 毫米，瞳孔都是横向的，皮肤光滑，舌尖分两叉，舌跟在口的前部，倒着长回口中，能突然翻出捕捉虫子。有 3 个眼睑，其中 1 个是透明的，在水中保护眼睛用，另外 2 个上下眼睑是普通的。头两侧有两个声囊，可以产生共鸣，放大叫声。体形较小的品种叫声频率较高。有的蛙类皮肤分泌毒液以防天敌，生活在亚马逊河流域雨林中的一种树蛙分泌物被当地印第安人用来制作箭毒，见血封喉。

蛙类差不多都是在夜间捕食，主要采食昆虫，但大型的蛙类可以捕食鱼、鼠类，甚至鸟类。青蛙具有人类朋友的美称，因为青蛙可捕食大量田

间害虫，对人类有益。它不仅仅是害虫的天敌、丰收的卫士。那熟悉而又悦耳的蛙鸣，其实就如同是大自然永远弹奏不完的美妙音乐，是一首恬静而又和谐的田野之歌。"稻花香里说丰年，听取蛙声一片"，那清脆的蛙的叫声总给农民带去播种的希望，总能带来收获的喜悦与欢乐！

蛙类在全世界都有分布，除了加勒比海岛屿和太平洋岛屿以外。但由于气候的变化和环境的污染以及外来物种的侵入使蛙的栖息环境逐渐缩小，导致蛙的数量在全世界迅速减少。

青蛙最原始的进化是在三叠纪早期，它是两栖类动物。现今最早有跳跃动作的青蛙出现在侏罗纪。随着青蛙的不断进化，出现各种奇形怪状的青蛙，让人感到害怕。蛙类的皮肤可分泌出毒液，其主要目的为防天敌。

蛙类的祖先原本是生活在水里的，但是由于环境的改变，一些河流、湖泊都成了陆地，蛙类的祖先不得不随着环境的改变从水里向陆地发展。生活环境的改变迫使蛙类的祖先们对自己身体的器官作相应"调整"，以适应环境的变化。一些能适应陆地生活的种类生存下来，运动器官由水里游动的尾巴变成了陆地和水里都能运动的四肢，呼吸器官由鳃变成了肺。蛙类的祖先由水生向陆生的巨大转变并不十分彻底，于是便有了后来的水中产卵，由蝌蚪发展成体，或许这可以说是蛙类祖先留给它们遗产吧！从青蛙幼体的发育中表现了出来。

青蛙有一套它们的捕虫手法，是捉虫的能手，它们偏爱吃小昆虫。一只青蛙趴在一个小土坑里，后腿蜷着跪在地上，前腿支撑，张着嘴巴仰着脸，肚子一鼓一鼓地等待着猎物的到来。一只蚊子飞过来，青蛙身子向上一蹿，舌头一翻，又落在地上。蚊子不见了，它恢复原来的样子，等待着下一个目标的到来。

同时，青蛙也是有名的歌唱家。它的声囊就是嘴边那个鼓鼓囊囊的东西，它可以随时放声高歌。蛙的声带位于喉门软骨上方。有些雄蛙口角的两边还有能鼓起来振动的外声囊，声囊产生共鸣，使蛙的歌声雄伟、洪亮。

青蛙头上的两只圆而突出的眼睛，一张又宽又大的嘴、舌头很长。身体的背上是绿色带有深色条纹，腹部是白色。身体下面有四条腿，前腿短，后腿长，脚趾间有蹼。这样方便它来回于水陆两地。

不要单从表面上来看青蛙，实际上它是很聪明的。它的眼睛鼓鼓的，头部呈三角形，爬行动作很迟钝，但是弹跳力却是一流的。只要你稍一走近，它们就会跳起，这一跳的距离可有它体长的 20 倍。而且它还是一个游泳高手，因为我们游泳中的蛙泳姿势就是跟青蛙学来的。有时候，我们还真得把动物当老师呢！同时，青蛙也是伪装高手。青蛙除了肚皮是白色的以外，头部、背部都是黄绿色的，上面有些黑褐色的斑纹。有的背上有三道白印。青蛙为什么呈绿色？原来青蛙的绿衣裳是一个很好的伪装，当它在草丛中的时候几乎和青草一个颜色，这样可以防止自己被敌人发现。

▶ 知 识 窗

·青蛙王子·

青蛙王子取自于格林童话中的第一个故事。它是世界童话的经典之作，自问世以来，在世界各地影响十分广泛。也有单独以青蛙王子作为单篇故事的丛书。至今已有超过百种语言的译本，上百种不同版本。以及许多戏剧、电影、电视剧、动画等改编作品。

| 拓展思考 |

蟾蜍与青蛙有哪方面的区别？

螃 蟹

Pang Xie

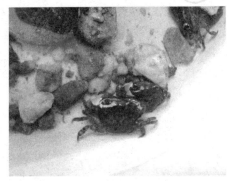

※ 螃蟹

螃蟹是一种甲壳动物，属于十足目，节肢动物门。在生物分类学上，螃蟹与虾子、龙虾、寄居蟹算是同类动物。绝大多数种类的螃蟹生活在海里或靠近海洋，当然也有一些的螃蟹栖于淡水或住在陆地。它们靠母蟹来生小螃蟹，每次母蟹都会产很多的卵，数量可达数百万粒以上。螃蟹有坚硬的外壳保护着，主要靠鳃呼吸。

螃蟹的成长过程一般可以分为：产卵，然后经过几次退壳后，长成大眼幼虫，大眼幼虫再经几次退壳长成幼蟹，幼蟹外型几乎和成蟹相同，再经过几次退壳后就变成蟹。大部分的海水蟹类都是卵成熟后，不孵化直接排放于海洋。螃蟹身上坚硬的甲壳可以保护自己不遭受到天敌侵害，但是甲壳并不会随着身体成长而扩大。所以螃蟹生长呈间断性，也就是相隔一段时间，旧壳蜕去后身体才会继续成长。地球上体型最大的螃蟹是蜘蛛蟹，它们的脚张开来宽达 3.7 米，最小的螃蟹是豆蟹，直径不到 0.5 厘米。螃蟹虽小，但是五脏俱全，是非常有营养的一种食物。

大家也都吃过螃蟹，但经常吃的人应该会发现，如果把螃蟹的硬壳去掉后，螃蟹的身体还有一部分受到壳的保护，看上去比较像盾，生物学家称其为背甲（carapace）。螃蟹身体左右对称，可区分为额区、眼区、心区、肝区、胃区、肠区、鳃区。螃蟹身体的两边有附属肢连接。头部的附属肢称为触角，具备触觉与嗅觉功能，有些附属肢有嘴部功能，用来撕裂食物并送入口中。螃蟹胸腔有五对附属肢，称为胸足。位于前方的一对附属肢具有强壮的螯，可作为觅食之用。其余的四对附属肢就是螃蟹的脚，螃蟹走路移动要依靠这四对附属肢，它们走路的样子独特且有趣，它们一般都是横着走的。不过也有例外，和尚蟹就是直着走。

螃蟹一大部分的时间都是在寻找食物，而且它们从不挑食，这是非常好的。只要是能够找得到的食物都可以吃。它们的最爱就是小鱼虾，不过有些螃蟹也吃海藻，甚至连动物尸体或植物都能吃。螃蟹也吃别的动物，其他动物也可能把螃蟹吃了。人类就把螃蟹当美食佳肴，还有水鸟也吃螃蟹，有些鱼类也像人类一样喜爱吃蟹脚。年幼未成年的幼蟹成群在海中浮游时，可能会被其他海洋生物给狠狠地吃掉，正因如此，螃蟹产卵时都要下很多的卵，这样才能保证子孙后代的繁殖。

螃蟹一般都是横着走，而且它们是靠地磁场为判断方向的，那为什么螃蟹要横着走呢？在地球形成的漫长岁月中，地磁南北极已发生多次倒转。地磁极的倒转使许多生物无所适从，甚至造成灭绝。螃蟹是一种古老的回游性动物，它的内耳有定向小磁体，对地磁非常敏感。由于地磁场的倒转，使螃蟹体内的小磁体失去了原来的定向作用。为了使自己在地磁场倒转中生存下来，螃蟹采取"以不变应万变"的做法，干脆不前进，也不后退，而是横着走。虽然是一个很笨的方法，但却给它们提供了适应地球变化的能力。

对于螃蟹为什么横着走，人们也做了相当多的实验。人们通过实验发现螃蟹体内的与肢相连的骨眼（肌肉束通过的地方），对于每条肢都有上下两个骨眼（即两束肌肉）与之相连，而且其肢基部关节弯曲方向是背腹方向，所以当肌肉收缩时，便牵动肢沿背腹方向运动，因此螃蟹才是横着走的。

从生物学的角度来看，蟹的头部和胸部从外表上是无法区分的，因而就叫头胸部。这种动物的十足脚就长在身体两侧。第一对螯足，不仅是掘洞的工具，同时也是防御和进攻的武器。剩下来的四对是用来步行的，叫做步足。每只脚都由七节组成，关节只能上下活动。大多数蟹头胸部的宽度大于长度，因而爬行时只能一侧步足弯曲，用足尖抓住地面，另一侧步足向外伸展，当足尖够到远处地面时便开始收缩，而原先弯曲的一侧步足马上伸直了，把身体推向相反的一侧。螃蟹实际上是向侧前方运动的，主要是因为这几对步足的长度不同。其实，也并不所有的螃蟹都是横着走的，群生活在海滩的腕和尚蟹都可以向前行走，而且生活在海藻中的很多蜘蛛蟹能在海藻上垂直行走。

螃蟹是不能生吃的。据有关研究发现，活蟹体内的肺吸虫幼虫囊蚴感染率和感染度很高，肺吸虫寄生在肺里，刺激或破坏肺组织，能引起咳嗽，甚至咯血，如果侵入脑部，则会引起瘫痪。据专家考察，把螃蟹稍加热后就吃，肺吸虫感染率为 20％，吃腌蟹和醉蟹，肺吸虫感染率高达 55％，而生吃蟹，肺吸虫感染率高达 71％。肺吸虫囊蚴的抵抗力很强，一般要在 55℃的水中泡 30 分钟或 20％盐水中腌 48 小时才能杀死。生吃螃蟹，还可能会感染副溶血性弧菌。副溶血性弧菌大量侵入人体会发生感染性中毒，表现出肠道发炎、水肿及充血等症状。所以，不要为了图鲜而去生吃螃蟹，否则会受一系列细菌感染的，从而引发疾病。

▶ 知 识 窗

·螃蟹的保存方法·

选活力旺盛的螃蟹，准备一个 30～50 厘米高的塑料桶/盆，把螃蟹放入其中不能层叠；然后加水至螃蟹身体的一半高主要是保湿，不能把螃蟹全部埋住。因为您不太可能备有增氧设备，如果水太深螃蟹会缺氧窒息而死。桶/盆无须加盖，每天检查螃蟹，把活力不足的螃蟹及时吃掉，采用这种方法保存阳澄湖螃蟹，气温不高的时候螃蟹保存可超过 5 天。

| 拓展思考 |

螃蟹上树意味着什么？

生活在森林草原中的动物